悦品巖茶

主编 周萍

编委 吴小妹 阚杨战 唐甜 蔡羲

海峡出版发行集团 THE STRAITS PUBLISHING & DISTRIBUTING GROUP | 福建科学技术出版社 FUJIAN SCIENCE & TECHNOLOGY PUBLISHING HOUSE

图书在版编目（CIP）数据

悦品岩茶 / 周萍主编. —福州：福建科学技术出版社，2024.8
ISBN 978-7-5335-7304-1

Ⅰ.①悦… Ⅱ.①周… Ⅲ.①武夷山－乌龙茶－茶文化 Ⅳ.①TS272.5

中国国家版本馆CIP数据核字（2024）第106956号

出 版 人　郭　武
责任编辑　李景文
装帧设计　刘　丽
责任校对　林峰光
封面题字　陈　吉

悦品岩茶

主　　编　周　萍
出版发行　福建科学技术出版社
社　　址　福州市东水路76号（邮编350001）
网　　址　www.fjstp.com
经　　销　福建新华发行（集团）有限责任公司
印　　刷　福州德安彩色印刷有限公司
开　　本　700毫米×1000毫米　1/16
印　　张　15.5
字　　数　245千字
版　　次　2024年8月第1版
印　　次　2024年8月第1次印刷
书　　号　ISBN 978-7-5335-7304-1
定　　价　78.00元

序

武夷自古出名茶。武夷人种茶制茶历史悠久，技艺高超，武夷茶制茶工艺独特的拼配方案、制作流程与经验技巧、工艺控制等综合于一处，是武夷茶人集体智慧的结晶，是我们制茶工艺的一个里程碑式的巅峰，它制作出来的武夷岩茶，香清，味醇，性中和，是爱茶人的茶中佳品，凝成了一种物质和非物质的独特茶文化。

周萍博士小时候在一个福建茶人的家庭长大，她在研究生期间走遍了武夷山的山场，建立了不同岩区的生态数据，根据自建的大数据模型对不同岩区实施不同的土壤缺素管理，分析如何应用武夷山的自然植被为武夷茶营造最优生长环境，她把论文写在了茶香四溢的武夷山上。毕业之后周博士自主创办"茶叶点评网"，运用微信公众号、抖音、头条等新媒体开展茶科普宣传，为广大爱茶人普及好茶的辨识知识，自建大数据评茶系统，为爱茶人精准推送适合他们自己的好茶品。

在广大爱茶人的心目中，武夷岩茶的核心是它的岩韵。武夷岩韵的形成依靠三个关键要素：茶树品种、制作技术和独特的生长环境。周萍博士的这本《悦品岩茶》从品种到山场到工艺，详尽解读了岩韵的三大基石。周博士既有自身家庭传承的茶人禀赋，又有对茶园生态自然农法的科学研究和实践，更有"茶叶点评网"对爱茶人的十年服务经历，她的这本《悦品岩茶》用新媒体活泼的语言，表达了周博士对武夷岩茶审茶评茶的顶层知识框架和她生动丰富的实践实战经验。

在《悦品岩茶》的审评部分，周博士融合武夷山热闹的斗茶赛，让我们每每身临其境；到品赏部分，她让我们迫不及待地要泡上一杯武夷岩茶，享受一场从口腔和舌尖贯穿到身心的盛宴；寻茶部分写出了无数爱茶人的心声，走一走岩茶生长地，看看怎样的山水孕育出这等好茶，看看那些本来斗智斗勇的采购商们最后怎样被朴实的茶农所感动；这本书的论茶部分就像前辈指路，仿佛长者们就站在茶桌边谆谆教导；问答部分则专门为爱茶人释疑解惑，实用，亲切，最终让《悦品岩茶》成为一本爱茶人的工具书、案头书。

周萍博士在茶领域扎根多年，治学严谨，好学笃思，抱朴含真，心性澄明安然，《悦品岩茶》是她品茶系列著作的第三本。中国人植茶、制茶、饮茶的历史有上千年，茶彰显着特定历史、区域或族群的生活和文化的结晶，一直都是连接中国与东西方世界的重要产品和文化纽带。当下我们正在经历世界文明和中华文明的百年未遇的激烈变化，如果手头有一本《悦品岩茶》，蘸着月色与茶香，品读和感受"人在草木间"的疗愈意义，或者可以让我们在世俗的当下寻得一份安详恬静，让我们可以与岁月对垒、对话，活出一份生命的欣然与兴然。

华中科技大学新闻与信息传播学院教授
教育部（国家教委）首届人文社科著作奖获得者　**唐志东**

推荐语

读周博士的《悦品岩茶》，有一种恍若"雨闻忘归"的喜悦。从山中到杯中，这是一片叶子的旅行，更是无数华侨心中的归途。书中介绍的稀释法，就像马来西亚老华侨喝的"茶娘"，抓一大把茶叶丢在大搪瓷杯里，冲满开水盖上盖子去忙其他事。想喝茶了，就把搪瓷杯里的浓茶往玻璃杯里倒适量，再兑上热水就可以喝了，其中浓淡全凭自己喜好。

——马来西亚国际茶文化协会　喻义群

周博士坚持做茶知识科普，做教学标杆样茶品，这对行业发展带动有深远的意义。有句话说得好：你的意识形态的形成，取决于你今天以前的认知。

越是工艺复杂的，辨识能力就越弱。岩茶焙法甲天下，不同品种不同山场耐火焙程度都不一样，不同焙火的退火期不同。一个茶类的兴起势必有百分之八十的鱼目混珠，《悦品岩茶》一书及时出版，将成为更多爱茶人实用鲜活的工具书。

——北京茶业企业商会会长　高晨生

在跟周萍博士喝茶时，她给的答案非常中肯，她说每家的茶好、差只能说明制茶师傅的制茶水平和选茶人的认知，并不能代表他们的品行，而水平和认知是可以不断提升的。要试着学会欣赏各类美好的事物包括茶，看来喝茶是真的可以增长智慧。至此我便不再纠结，把心态放平和去欣赏喝到口里的每一泡茶汤。《悦品岩茶》书中每到一处的寻茶，每与茶人交谈，都让人不禁想起"日日是好日"，好日子，要停下来细细品尝。

——日本京都大学人类学博士 中日文化交流中心　郑小羽

中国美学里头极为重要的一个标准，那就是"雅"。什么是"雅"？"雅"就是"正"。它不偏执，它不狂飙突进，且不偏不倚、不左不右、不前不后、不上不下、不冷不热、不深不浅。它是健康的、快乐的、平和的、向上的，但同时又蕴含一种淡淡的忧伤和感动，以及不动声色的幽默。所以，当我们困了累了，不妨停歇下来，捧读《悦品岩茶》，喝一杯淡茶。

——福建省文联副主席　曾章团

判别岩茶的标准是：重在吃水，以味取香，讲求山骨、喉韵；茶水厚重，馥郁芳香，气息幽远，清爽甘润，岩韵明显，故有"浓非厚，淡非薄"之说。这是优质岩茶的表现。分辨方法是对比着喝，《悦品岩茶》书中就有很多实例可学习。

——江苏省茶文化学会副秘书长　徐萍

《悦品岩茶》是一本青年识茶科普书，既然是普及读物，意味着这本书的内容浅显易懂。不过要注意，浅显不等于浅薄，这本书绝不是普通的茶学类教材的低配版，恰恰相反，这本书跳出了普通教科书的理论框架，站在一个更高的维度来向我们介绍岩韵到底是什么，我们该怎么正确使用茶学理论工具来认识武夷岩茶。读完这本书，我有一个强烈的感受，就是"真佛只说家常话"。

——朱拉隆功佛教大学大乘佛教专家　妙慎法师

目 录 Contents

引言

啜华咀英武夷茶

中国是茶的故乡，从"神农得茶"以来5000年，茶就滋润了一代又一代的炎黄子孙，相依相伴，一直到茶为国饮的今天。在茶叶王国的王冠上，有一个璀璨的明珠，就是武夷茶，从它开始现身，就一直受到世人的追逐，茶人的推崇，文士的礼赞，国外友人的膜拜，至今依然光芒闪烁，成为武夷山世界文化与自然遗产的重要组成部分。武夷茶的魅力无限，究其原因是因为：

武夷茶历史久远

南朝江淹记述的"灵草"和以武夷茶为主题的唐代孙樵《送茶与焦刑部书》及徐夤《尚书惠蜡面茶》，是福建最早记录茶事活动的茶文、茶诗。而武夷茶的传说自汉代就已有之。如北宋苏轼《叶嘉传》，将武夷茶拟人化为"叶嘉"，受到汉武帝宠爱的故事；同时代孙渐的《智矩寺留题》中"昔有汉道人……分来建溪芽"诗句，记述了引用武夷山地区茶种种植四川蒙顶的茶事。而范仲淹在《斗茶歌》中感慨，"溪边奇茗冠天下，武夷仙人从古栽。"他在这里已把武夷茶种植的历史推算到史前了。

武夷茶长期作为贡茶

自宋代苏轼诗句"武夷溪边粟粒芽……今年斗品充官茶"开始，武夷茶因品质优异，制龙团凤饼，成为北苑贡茶一部分。至元大德五年（1301年），高兴、高久住奉御旨在武夷山监制贡茶，大德六年，修建御茶园，后制龙团5000饼，计360斤。据明万历年间的《建宁府志》记载，明初，武夷山贡茶达548斤。到了清代，谈迁《枣林杂俎·茶》中记："国家岁贡……崇安县九百四十一斤。"近占全国四分之一。爱茶皇帝乾隆品饮后，曾在《冬夜煎茶》写道："建城杂进土贡茶……就中武夷品最佳。"武夷茶因为出类拔萃，历经四朝，在宋、元、明、清，都曾作为朝廷、皇家的贡茶。

武夷茶文化深厚、博大

"岩韵"崖刻

武夷茶久远的历史，积淀着丰厚的茶文化。目前收集到的资料统计，唐至清朝，文人墨客、茶人雅士为武夷茶作诗词至少在200首以上，文赋在60篇以上，近现代更是不计其数。其中徐夤《尚书惠蜡面茶》、范仲淹《和章岷从事斗茶歌》、苏轼《荔枝叹》、白玉蟾《水调歌头·味茶》、朱熹《茶灶》、释超全《武夷茶歌》、乾隆《冬夜煎茶》、周亮工《闽茶曲》等诗词，都已是脍炙人口的咏武夷茶千古名作。而孙樵的《送茶与焦刑部书》、赵孟頫的《御茶园记》、王复礼的《茶说》、陆廷灿的《随见录》、袁枚的《武夷茶》、梁章钜的《品茶》、连横的《茗谈》等都成了记录武夷茶的传世名篇。其中还描述了"斗茶""功夫茶"的品饮艺术，流传于民间的茶俗"喊山"、"祭茶"、茶故事、茶歌舞等，也丰富了武夷山的茶文化。由此，2003年，中华人民共和国文化部命名武夷山市为茶文化艺术之乡。

武夷山是乌龙茶的故乡

大红袍祖庭

武夷山自宋、元因制作龙团凤饼、贡茶而达到制茶高峰后，明初因改饼茶为散茶，到明末清初松萝制法、炒青工艺普及，而催生了乌龙茶，翻开了中国茶制作史的辉煌一页。清初陆廷灿《续茶经》中收集的王复礼（草堂）的《茶说》、天心寺茶僧释超全《武夷茶歌》等，对当时武夷岩茶的乌龙茶制法作了细微的描述，这是乌龙茶制作工艺的最早记载。当代茶圣吴觉农研究认为："关于乌龙茶，据清代陆廷灿《续茶经》引王草堂《茶说》……就具体说明早在清代以前，已制成了'半发酵'的武夷岩茶……直到现在，属于乌龙茶类的武夷岩茶的制法，还离不开上述的基本特点。"武夷山是乌龙茶的故乡，半发酵茶在此诞生。

武夷山的茶树堪称"品种王国"

武夷山是生物多样性的模式标本产地。武夷茶茶树（统称菜茶）生长在峰峦岩壑之间，环境差异大，各处的实生茶树是有性生殖群体，经过物竞天择，演变成互有差异的众多单丛、名丛和品种。武夷山单株选育命名自宋代就开始了。后来茶叶专家林馥泉在 1942 年调查，武夷山中的品种、名丛、单丛达千种以上，仅慧苑一带就多达 830 种，列出的"花名"达 286 个。众多的、优雅的、美妙的茶树"花名"，足见武夷山茶农和茶人的睿智及茶文化积淀的深厚。武夷山也是我所知道的最多种质资源的茶区之一。所以，从 1762 年起，在生物学的茶树分类中一直有"武夷种""武夷亚种""武夷变种"的种别命名。

武夷茶的生态环境得天独厚

武夷山地区，气候温和，雨量充沛、森林覆盖率高，物种多，"山中土气宜茶"。正山小种生产在保护区内，武夷岩茶生长在峰岩的坑、涧、窠、谷中，生长在烂石沙砾的土壤里，九曲溪环绕其中，碧水丹山，得天独厚，生态环境极为优越，茶叶品质也极其优异，诱得道人白玉蟾都发问"身轻便欲登天衢，不知天上有茶无"。由于特殊的地理环境，无污染的原生态系统，2002 年，武夷岩茶获国家原产地域产品保护（地理标志产品），也因为优越的"绿色"环境，2006 年，武夷山成为全国"三绿"工程茶业示范县（市）。

"不见天"崖刻

武夷岩茶的制作技艺"值得中国人雄视世界"

武夷山的茶农在漫长的武夷茶制作历史过程中，从名传一方的蜡面、研膏、龙团凤饼、石乳、先春、武夷松萝，直到清初，总结创造出武夷岩茶的独特制作工艺，一直传承完善至今，其传统工序：采摘—萎凋—做青—炒青—揉捻—烘焙—拣剔—归堆—复焙。特别是做青、烘焙工艺，变化因素众多，掌控复杂，极其深奥。由于这一特殊之制作技艺，《本草纲目补遗》中记"诸茶皆性寒，惟武夷茶性温不伤胃"。茶叶泰斗陈椽教授，研究后著文说"武夷岩茶，创制技术独一无二，为全世界最先进的技术，无与伦比，值得中国人民雄视世界"。正因为此，2006年，"武夷岩茶（大红袍）传统制作技艺"作为唯一的茶叶类项目，列入第一批国家非物质文化遗产。

武夷岩茶的岩韵妙不可言

武夷岩茶茶树品种特殊，生长环境特殊，制作技艺特殊，所以武夷岩茶的品质也就特别的优异珍贵，驰名中外。它绿叶红镶边、性和不寒、久藏不坏、香久益清、味久益醇。味甘泽而喉清冽、舌底生津，气馥郁而胜幽兰，齿颊留香，"气味清和兼骨鲠"（乾隆语）。

特殊的品质，归结为特有的岩韵，它使无数茶人为之倾心。岩韵是实在的，要领略它又要练出特别的感觉，清代袁枚品饮武夷岩茶后，"始觉龙井虽清而味薄矣，阳羡虽佳而韵逊矣"。梁章钜在《品茶》中，直接把品饮武夷岩茶归为"香、清、甘、活"，特别认为"活之一字，须从舌本辨之，微乎、微矣"。吴觉农先生认为武夷岩茶"品具岩骨花香之胜，味兼红茶绿茶之长"。林馥泉先生也认为："方臻山川精英秀气所钟，品具岩骨花香之胜。"姚月明先生记："岩茶首重'岩韵'，指其香气馥郁具幽兰之胜，'锐则浓长清则幽远'，滋味浓而愈醇，鲜滑回甘。所谓'品具岩骨花香之胜'，即指此意境。"现在已普遍用"岩骨花香"，来诠释武夷岩茶的岩韵，正是这"岩骨花香"醉倒了众多的茶人、茶友。

地灵人杰，物华天宝。武夷茶是大自然对武夷山人的厚爱和馈赠，也是武夷山人与大自然和谐相融、"天人合一"的结晶。武夷山人凭借茶的智慧，独创了武夷岩茶和正山小种红茶，回报自然、奉献人类。武夷茶、中国茶、世界茶。愿武夷茶的恩泽，惠及更多的人。

（《武夷茶经》作者萧天喜）

第一章

茶青

一、深度解析岩茶之品种

林馥泉《武夷茶叶之生产制造及运销》记载：山中有名之大红袍、铁罗汉、白鸡冠、不知春等，外人每误为特殊之品种，实则均系混杂之菜茶中一单株也。此由于茶树具有某种优良性质，茶户以前人及自己之经验，而能知其制成品之特异，乃依某茶树之生长处所、生态、形状以及色味气等之不同，而订立与某茶树各种相类似名称。

根据林馥泉1942年调查，武夷品种数目不下千种。而现在武夷山也被称为"品种王国"，一些茶友可能分不清岩茶的称呼，一会儿说是名丛，一会儿说是小品种。这些称呼是只有叫法不同，还是真的有学术上的区别呢？我们一起来看看吧！

首先花名，指各类名丛、单丛及其成品茶名称的统称。就像梅占、毛蟹等名称都可以说是花名。其次是单丛，指从武夷岩茶有性群体种采用单株选育法选育的优良茶树。最后则是名丛，是从单丛中优中选优选育出的，逐步成为武夷岩茶中一个著名的品类。例如四大名丛、白牡丹、水仙、肉桂等。

现在市面上流通的茶叶大多以名丛为主。茶名琳琅满目，但都以优异品质为先决条件。那么我们生活中常接触的名丛的命名，又是怎样的呢？

名丛按照不同特点，可以分为九大类。

一是以茶树生长环境命名的，如不见天、岭上梅等；

二是以茶树形态而命名的，如醉贵姬、醉海棠、凤尾草等；

三是以茶树叶形而命名的，如瓜子金、金钱、金柳条等；

四是以茶树叶色命名的，如白吊兰、红海棠、大红梅等；

五是以茶树发芽迟早而命名的，如不知春、迎春柳等；

六是以传说栽种年代而命名的，如正唐树、宋玉树等；

七是以成品茶香型而命名的，如肉桂、白瑞香、夜来香等；

八是以神话传说而命名的，如大红袍、白牡丹、红孩儿等；

九是以区别名丛分离类型而命名的，如正太仓、正蔷薇、正玉兰等。

岩茶种类繁多，听到一些新奇的名字总会引起好奇心，但是莫被迷了眼，还是要看茶叶品质的好坏哦！

分享一个评姐自己对岩茶种类记忆的小技巧。主要是划分为三类：一是菜茶，二是名丛，三是小品种。

（一）菜茶

武夷山产茶历史悠久，茶种资源特别丰富。武夷山土生土长的有性繁殖茶树群体种俗称为菜茶。在漫长的岁月里任其野生，形成了不确定性、多样性的特点，也造就了其成品茶滋味浓厚、香气馥郁的特点。

牛栏坑奇种（菜茶）

（二）名丛

名丛来自武夷菜茶，是从武夷菜茶有性群体中分离优良单株所得，经过人为长期的选择，所以又有别于菜茶。

像我们熟知的当家品种肉桂、水仙，以及五大名丛等，都属于名丛类。

1.肉桂

身份：武夷山当家品种之一。

产地与分布：始于清末，以制成香型命名，原产马枕峰，慧苑等处也有此相同之树。主要分布在武夷山。福建省北部、

老树肉桂

中部、南部乌龙茶产区有大面积栽培，广东等省有引种。

茶树特征：无性系，灌木型，中叶类，晚生种。

品种特征：香气浓郁辛锐似桂皮香，有强烈的刺激性，滋味醇厚甘爽，"岩韵"显。

2. 水仙

身份：武夷山当家品种之一。

产地与分布：始于清道光年间，以故事传说命名，原产于建阳区小湖镇大湖村，主要分布于福建省北部、南部。20世纪60年代以后，福建全省各地，以及广东、浙江、江西、安徽、湖南、四川、台湾等省都有引种。

茶树特征：无性系，小乔木型，大叶类，晚生种。

品种特征：香气高长，以兰香为主，滋味醇厚，回味甘爽，陈放品质高，尤以岩山老丛水仙更佳。

3. 大红袍

身份：武夷山传统五大名丛之首。

来源：始于清代，被尊为神物和茶王，来源于武夷山风景区九龙窠岩壁上的母树，在武夷山茶区有较大面积的种植。

茶树特征：无性系，灌木型，小叶类，晚生种。

品种特征：香气高雅，清幽馥郁芬芳，微似桂花香，滋味醇厚回甘。

4. 白鸡冠

身份：武夷山传统五大名丛之一。

来源：始于明代，以故事传说命名，原产慧苑火焰峰下之外鬼洞（武夷宫白蛇洞和隐屏峰蝙蝠洞有与白鸡冠齐名之树）。

茶树特征：无性系，灌木型，中叶类，晚生种。

白鸡冠

品种特征：滋味甘鲜、带有"豆香"，品种特有香型突出，"岩韵"显。

5. 水金龟

身份：武夷山传统五大名丛之一。

来源：始于清代，以故事传说命名，原产牛栏坑杜葛寨之半崖上。20世纪80年代以来，武夷山有一定的栽培面积。

茶树特征：无性系，灌木型，中叶类，晚生种。

品种特征：香气高爽，似蜡梅花香，滋味浓醇甘爽，"岩韵"显。

鬼洞水金龟

6. 铁罗汉

身份：武夷山传统五大名丛之一。

来源：始于宋代，以故事传说命名，原产内鬼洞，竹窠也有与此齐名之树。为最早的武夷名丛之一。在武夷山已扩大栽培。

茶树特征：无性系，灌木型，中叶类，中生种。

品种特征：香气浓郁幽香，滋味醇厚甘鲜，"岩韵"显。

7. 半天妖

别名：半天夭、半天腰。

身份：武夷山传统五大名丛之一。

来源：始于清代，以故事传说命名，原产三花峰之第三峰绝顶崖上。

茶树特征：无性系，灌木型，中叶类，晚生种。

品种特征：香气馥郁似蜜香，滋味浓厚回甘，"岩韵"显。

"半天腰"崖刻

（三）小品种

选育的新品种，因为特征明显、品质优异而逐渐在种茶区域推广。新品种的选育一般是以老品种为母本、父本进行人工自然杂交，选出最佳的植株再进行单株选育后，进行无性繁殖推广。比如我们经常说的金观音、丹桂、黄玫瑰等品种，就是属于小品种。

1.金观音

身份：扩大示范的引进新品种。

来源：福建省农科院茶叶研究所于1978～1999年由铁观音与黄棪的杂交后代选育而成。

茶树特征：无性系，灌木型，中叶类，早生种。

品种特征：品种特有香型显而馥郁，滋味醇厚回甘，"岩韵"显。

金观音

2.黄观音

身份：推广栽培品种。

来源：培育于近当代，以茶树品种命名，以铁观音为母本、黄棪为父本杂交选育而成。

茶树特征：无性系，小乔木型，中叶类，早生种。

品种特征：香气馥郁芬芳，具有黄金桂的"透天香"特征，滋味醇厚甘爽。

3.丹桂

身份：扩大示范的引进新品种。

来源：福建省农科院茶叶研究所以大红袍为母本、肉桂为父本杂交育成的新品种。

茶树特征：无性系，灌木型，中叶类，中生种。

品种特征：香气馥郁高长，具有花香和桂皮香，滋味醇厚甘鲜，略带苦味。

二、趣谈大红袍产品分类

武夷岩茶驰名天下，其中以大红袍品质最优，被赞誉为"岩茶之王"。大红袍既是茶树名，又是茶叶商品名，更是武夷山的名片和代名词。古往今来，武夷岩茶以大红袍最具争议，概念最丰富，如纯种大红袍为奇丹，北方市场统称武夷岩茶为大红袍，还有商品大红袍、传统大红袍、清香大红袍。对于它们，你又知道多少呢？

（一）名丛大红袍

大红袍名丛为武夷茶王，自清代起就受到许多人追崇，并长期被专门人士守护。

母树大红袍：在武夷山风景区九龙窠悬崖峭壁上的六株大红袍母树为"母树大红袍"。关于它的传说很多，其中最出名的是状元拜山，第一款武夷岩茶泡袋

大红袍母树

正面一片红色的树叶代表大红袍，背面就是状元拜山图。大红袍母树至今已有几百年历史，而她又是灌木树种，寿命几乎已达到极限。2006 年 5 月，武夷山市人民政府决定停采留养母树大红袍，这举措应该令许多茶友抱憾不已。如今，母树大红袍茶叶已成为绝品，以往的"天价大红袍"变作历史，但是大红袍的王者传奇却依旧在茶界流传。

纯种大红袍：是指母树大红袍中的某一品系单独扦插繁育栽培后，单独采制加工而成的大红袍。无性繁殖的大红袍用武夷岩茶传统工艺制作，辅之恰好的火功，它既保持母树大红袍的优良特性，又有特殊的韵味品质。现在武夷茶区种植大红袍，直接或间接出自陈德华先生 1985 年从福建省农科院茶叶研究所带回的五株茶苗，当时定植在御茶园，经长期研究证明其品质并不比母树大红袍差。大红袍前几泡有桂花香，后几泡转有粽叶香，耐浸泡不苦涩，香能溶于水，整体感觉幽，是很有特征的岩茶品种。

纯种大红袍在市场上很少，常见的一般是商品大红袍，印有"大红袍"包装的武夷岩茶不一定是大红袍，可能是其他品种的茶。许多北方茶友都会把"大红

纯种大红袍奇丹茶树

袍"作为"武夷岩茶"的统称，然而大红袍只是武夷岩茶中的一个品种系列而已，但似乎不妨碍大红袍成为武夷茶的代名词。

（二）市场大红袍

由于市场的需求和技术的进步，市场上大红袍的概念也丰富了起来。各种概念的产生都有它的原因，同时也产生了许多误解。

传统大红袍：据林馥泉《武夷茶叶之生产制造及运销》记载：大红袍香气馥郁芬芳，有似桂花香，冲九泡有余香。现在的大红袍审评结果与其相似。现在市场上传统大红袍多指做熟焙透的武夷岩茶。有市场就有追逐，这些年一大批跟风茶涌入市场，迎合了消费者的口感，误导了市场。

清香轻火型大红袍：近几年市场上喜欢武夷岩茶的人多了起来，开始对清香型大红袍有所误解。市面上出现的，带青味大红袍是做青时有失误所导致的，是没做好的大红袍。而清香型大红袍做青时得做熟，焙火时焙透口感会更柔和，若未焙透则是另外一种风格，比较硬朗，香气也会更冲。

商品大红袍：商品大红袍是指各种岩茶（一般四五个品系的茶叶）拼配而成的茶，通俗地讲就是拼配型大红袍，选料上考虑有香气、水厚韵足、稳定性强的品种。以大红袍为基础，适当拼配一些其他品种，这样既能保持大红袍原种的风味，又能体现岩茶基本风格。

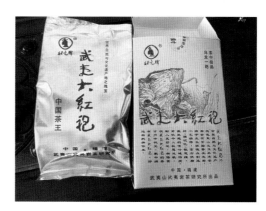

状元拜山包装

陈德华先生任崇安县茶科所所长后，组织科研组，用肉桂、水仙及武夷名丛等优质的武夷岩茶，凭借对武夷山各大名丛的了解及丰富的做茶经验，与对大红袍品质的精确把握，生产出了与纯种大红袍品质极为接近的拼配大红袍，即后来大量面市的商品大红袍。茶样得到了张天福、詹梓金、林心炯、庄任等一大批乌龙茶泰斗级人物的一致认可，后来投放市场，受到潮汕、港台等地茶人的广泛好评。所以陈德华先生又被称为商品大红袍之父。

 大红袍与北斗 DNA 测定

在武夷山，茶有同名不同种、同名不同树的现象。

2009 年，经福建农林大学对大红袍母树、新发展种植的大红袍以及北斗进行生物 DNA 测定，证明了新种的大红袍茶树均为纯种，无混杂。同时验证了北斗与九龙窠六棵大红袍母树无任何亲缘关系。

而据观察，北斗植株比大红袍大，分枝不如大红袍密，叶片比大红袍大而稀，萌芽开采期比大红袍早 10 天以上，在品质比较中更显不同。因此认为大红袍与北斗属于两个不同品系，不能再混为一谈。

三、武夷名丛之肉桂

　　武夷肉桂原选育于福建崇安武夷菜茶的有性群体种，清朝就被列为千百种武夷名丛之一。新中国成立前，"中央茶科所"曾收此名丛育苗移至企山名丛观察园。由于肉桂是一种香气易成、滋味难求的品种，且与传统武夷岩茶品质特征恰恰相反，这也是它成名虽早、开发和推广却较迟的原因所在。其得到迅速发展，是在 1982 年以后，由福建省科委下达对武夷肉桂课题的研究才推动的。近几年，肉桂茶投放市场，深受国内外人士青睐，经济效益显著，且在全国名茶评比会上列为优质名茶。至 1989 年为止，崇安县（即今武夷山市）已栽种肉桂 1730 多亩，成为当今良种之一。（摘自：姚月明《武夷肉桂茶树品种开发利用》）

（一）发展历程

　　关于肉桂的发展历程你知道多少？肉桂在清代就已经是武夷原生名丛之一了，其殊香雅韵，冠于其他名丛。据蒋蘅《茶歌》中记载："奇种天然真味存，木瓜微酽桂微辛。何当更续歌新谱，雨甲冰芽次第论。"注解中有"肉桂在慧苑"，该后评语认为"辛"是具有强烈刺激之意，符合肉桂茶的品质特点。此为肉桂最早的记载，至今已有 200 多年的历史。

　　20 世纪 40 年代初期，虽亦引起某些人士的注意，想进一步鉴定其品质，但由于当时栽培管理不善，肉桂为煤污病所感染，树势衰弱，最终以抗逆力不强之结论而未加继续重视和繁育。

　　60 年代初期起，由于在单独采制中对其优异的品质特征有新的认识，才逐渐开始繁育并扩大栽种面积。通过多次反复的品质鉴定，至 70 年代初才基本

肉桂

肯定该品种的高产优质的特性，是特别适制武夷岩茶的极品。

70 年代，崇安县茶科所开始在一些山场对其进行种植，进行产量、品质的科学研究工作。至 1980 年在天游、晒布岩、百花庄设置肉桂茶园，这是发展肉桂的最早剪穗母本园。此基地 2008 年被授予"福建省优良品种种质资源库保护区"称号。

80 年代，崇安县茶科所配合中国农科院茶叶研究所设立肉桂茶树品种研究课题，其总结确认肉桂的优质丰产性状。1985 年，肉桂品种被福建省农业厅农作物品种审定委员会审定为福建省级良种。

90 年代，肉桂脱离名丛称谓，以单独的品种名称流通市场，江湖地位逐步提升，武夷岩茶也依靠其奇香异质跻身于"中国十大名茶"之列。

2008 年，岩茶市场整体升温，"牛肉""马肉"等开始出名，肉桂也与水仙、大红袍一并成为武夷山当家茶。

（二）品种特性

迄今为止，肉桂成为大众追捧的当红"流量明星"，已然是岩茶界屹立不倒的常青树。

姚月明老先生在《武夷肉桂名丛的生化特性》中对肉桂的口感特征曾做过实验研究与结果分析，肉桂是"香气易成、滋味难求"的品种。其"香气易成"，主要是因肉桂茶富含香叶醇、苯甲醇、2- 苯乙醇等品种独特高香香气成分，令其香气辛锐持久，"霸气"特质俘获人心。

其"滋味难求"，对比另一当家品种水仙，主要是因肉桂茶酯型儿茶素偏高，而使肉桂的茶汤欠醇度。

关于肉桂最让人印象深刻的就是桂皮味、辛辣感，但其品种香不仅仅只有桂皮香，也导致很多朋友说，怎么肉桂的味道越来越不像肉桂了呢？肉桂受工艺与焙火的影响，有桂花香、桂皮味，以及水蜜桃香或乳香这几个香型。

还有一个问题，就是要如何理解肉桂的辛辣感？我们真的能从一款茶汤之中喝到类似辣椒的辛辣吗？其实不然，对于茶叶的感官审评而言，在判断茶叶色、香、味和形的过程中，审评人员和其他饮茶者均会调动感知记忆，基于相似且联系密切的内容，更加详细且具体地表达不同特点。如在表述香气类型时，需要更多地使用具象化的表述方式，如兰香、栗香等，从而让人们形成共性的认知，可使大众更好地理解审评结果。而肉桂的辛辣，多源于品种自身滋味的浓烈，给人以强烈的冲击，从而形成类似于"辣"的感觉！

（三）老树肉桂

岩茶的"水仙"讲究树龄。根据树龄的长短，人们通常把树龄50年以上的称为老丛水仙，30年到50年树龄称为高丛水仙。时下，市场对老丛水仙青睐，因为老丛水仙的一些特殊香气或是味道。由于悠悠岁月，茶树吸收周围环境的气息，使茶树中其他植被生态气息明显，像是青苔味、竹叶香，还有时间赋予它的老丛味。而肉桂则不同，除去以前就有的零星肉桂，我们现在大面积栽种的肉桂茶树最老也才40年。对于"高龄"茶树，我们形容为"老树肉桂"。

长满青苔的老树肉桂

老树肉桂形成条件，首先是需具备一定的树龄（肉桂从无性繁殖开始至今，至少需要30多年），而且是自然生长，无人工大面积干涉修剪；其次是茶树的生长环境需具备一定的自然条件（例如坑涧山场：湿度大、光照少），拥有足够温湿度的生长条

正岩茶园修剪后的老树肉桂

件更容易使茶树主干的附生物生长，从而加速茶树的老化、衰败，因此茶叶的木质味也就更为明显，茶汤滋味也就具备"丛味"，这就是所谓的"老树肉桂"。

铁观音追香，茶树十年左右便台刈一次，长出新枝，茶叶香气更高。而岩茶则不然，岩茶求水，在一定期限中，树龄越大，滋味感越好。老树肉桂与其他肉桂相比，最大的不同便是"有颗粒感"，武夷当地人称之为"煞口"，若是再配上肉桂的大桂皮味，简直一绝。

（四）常见肉桂

市面上常见什么"牛肉""马肉""虎肉""猫肉"等，这些都是某个山场所产肉桂的简称。如"牛肉"，是牛栏坑肉桂的简称，因其品质好，但产量少，市场价格居高不下；"马肉"，则是马头岩肉桂的简称，因其香气高扬，锐且浓长，受到不少朋友的追捧；"虎肉"，则是虎啸岩肉桂的简称，也有"小马肉"之称，风格与"马肉"类似；"猫肉"，则是猫儿石肉桂，猫儿石属马头岩中的一个小山场，香气极盛。

四、武夷名丛之水仙

（一）历史渊源

水仙名字的由来，大致有两个记载。其一是在《闽产录异》中说：瓯宁县之大湖，别有叶粗长名水仙者，以味似水仙花故名……这个说法呢，是因其酷似水仙花的香气而得名。其二则是在《崇安县新志》记载：水仙母树在水吉县（现属建阳区）大湖桃子岗祝仙洞下，道光时由农人祝姓者发现，繁殖较广。因名其茶为"祝仙"，水吉方言"祝"与"水"同音，遂讹为"水仙"。清末移植于武夷。这个说法呢，就是因为方言的读法，误传而形成的。

水仙茶树属于小乔木类型，已有一百多年的栽培史。水仙引种到武夷山的时间比较早，大约于清光绪年间从建阳引种到武夷山。因武夷山环境优美，移居后的水仙茶树品种非但没有落到"橘逾淮为枳"的悲剧，反而更能发挥其天赋，胜过其祖辈，配上武夷山精湛的制茶工艺，引发出武夷水仙的馥郁香气与醇厚滋味，在岩茶众多品种中脱颖而出，成为佼佼者。

古井百年老丛茶树

（二）品种特性

就水仙的品种香而言，大致分为三种，有兰花香、粽叶香及木质味，其中以兰花香者为最优。它的滋味浓郁醇厚，甘滑清爽，回甘持久，岩韵明显，耐冲泡，常常被称为"后劲较足"，深受老茶客的喜爱。

水仙作为武夷岩茶的当家品种之一，滋味醇厚，有"醇不过水仙"的说法。其实水仙不仅仅是滋味"醇"，它的树种也"纯"，陈化特性也耐得住"存"。

品种之纯：水仙于清末被引进武夷山，面积稳定扩大，现在占总面积的 25%左右。水仙属于三倍体植株，只开花，不结果，因此能够保证茶树品种的纯正。

滋味之醇：水仙富含适制乌龙茶的生化特性。利用水仙所制出的乌龙茶条索肥壮，香气优雅恰似兰花，滋味醇厚，回味甘爽。

古井老丛发新芽

陈放之存：岩茶水仙经过陈放之后，呈味物质发生转变，茶多酚进行非酶性自动氧化，因此茶多酚及儿茶素的含量发生转化，调和了茶汤的苦涩感及收敛性。有机酸等酸味物质阶段性的增减，使陈茶存在阶段性的酸味。可溶性糖类物质诸如果糖、葡萄糖，以及部分氨基酸诸如丙氨酸、丝氨酸的转化增加，使茶叶在陈化过程中甜味明显。糖类中的水溶性果胶物质增多，使得茶汤的"厚度"与细滑度增高。部分类脂物质转化，形成游离的脂肪酸，产生陈韵。

水仙被认为是最适宜存放的品种之一，随着存放时间的增加而日渐醇厚、顺滑、细甜，除了药用功效之外，依然有突出的品饮价值。

（三）老丛水仙的丛味

老丛水仙一般是树龄 50 年以上的水仙茶树，而 30～50 年的则被称为高丛水仙。你或许鲜少听到商家说自己的水仙是高丛水仙，这是为什么呢？第一，是市场推崇，所以不管是不是老丛水仙，都叫老丛水仙。第二，高丛水仙的价格或是滋味都比不得老丛水仙。那，这个老丛水仙有什么特别之处呢？

慧苑老丛

老丛水仙的一些特殊香或味，是由于悠悠岁月，茶树吸附了周围环境的气息，尤其是在茶树生长旺盛阶段，芽叶气孔有很强的吸附能力，使茶叶中的其他生态气息明显，如绿竹的竹叶香、苔藓的青苔味，也有可能出现桂花、梅花或别的野生树木的气息。

老丛水仙茶树原产地生态条件特殊（包括土壤、地域气候和植被），比如慧苑、竹窠等地的老丛水仙，岩韵突出，滋味甘醇且具有特殊香气。因其茶园分布于山间峡谷之中或石坡岩石之上，终日直射光时间短，空间湿度大而稳定，茶树主要与岩石和松、杉、竹为伴。

老丛水仙的生态气息，为什么会优化茶叶品质？这可以从茶叶内含物分析：茶树原产地的生态条件直接影响植株体内物质代谢和生化成分的含量变化，主要是水分含量和含氮化合物如蛋白质、氨基酸、咖啡碱等含量的相对增加，茶多酚、儿茶素、纤维素等含量的相对减少。以上内含物成分的变化，使茶汤鲜爽、醇滑，香气较高，品质优化。

我们来扒一扒老丛水仙身上的那些香！

丛味有很多的代名词，有青苔味、木质味、糙米味等，但究竟哪一个词最贴切呢？丛味目前没有很明确的定义。岩茶的香气，是所有茶类中最丰富的，有好几种类型，有的是品种香，有的是工艺香，有的是地域香，有的是综合香等。

1. 粽叶香与兰花香

粽叶香是属于水仙的品种香，用评姐的话解释就是，它是水仙的本味；而兰花香是工艺香，是工艺做得好的体现。但不管是哪一种香型，都要带有清甜味。

市面上有一些假花香的水仙，其实是青没有做透，加上火没有退而形成的。但这类茶的茶汤是不甜的，而且等到火退去之后，"花香"也会随之退去。

2. 青苔味

青苔味，算是老丛的一大亮点，是茶树吸附周围青苔所带有的味道。青苔本身的味道，是一种清新的青草味。生长在岩石上的青苔，如果是在大太阳天，突遇阵雨后又放晴时，散发出来的，是一种带有甜丝丝的石头味的强烈干草味，相当具有穿透力。

青苔味其实是因为周边环境阴湿，茶树爬满青苔而带有的味道，并不能代表丛味。而市面上一些老丛的青苔味，不是自然形成的苔味，而是茶青没做透带来的青味，二者之间要注意区分。

老丛茶树挂青苔

3. 木质味

目前比较认可的是，木质味代表了其丛味，是老丛茶树树龄所带来的味道。茶树生长过程中，随着树龄的增长，自身木质纤维化，木质味更加明显，这不是年轻的茶树所拥有的。

现在市场上有一种叫做"傻瓜丛"的丛味，是在制作过程中闷出来的。甚至有制茶人觉得雨天做老丛更容易出丛味，也是利用高湿环境闷出来的木质味。这类茶一是没有甜度，二是耐泡度不佳，这与老丛水仙的滋味感是相悖的。

五、深度解析岩茶之山场

武夷山正岩茶产区的面积大约在1万亩，正岩茶产量在整个武夷岩茶的占比不到10%，数量是非常少的。

武夷山以"丹霞地貌"著称于世，被联合国教科文组织列入世界自然遗产名录。大红袍就生长在这独特的丹霞地貌的三十六峰、九十九岩，形成"盆景式"茶园。俗话云："一方水土养一方人。"自然，一方独特的水土也会滋养一方绝品，独特的生长环境孕育出岩茶独特的品质。

（一）岩骨与山场

武夷岩茶是国家地理标志保护产品，与地域（山场）有绝对的关系，这是形成武夷岩茶"岩骨"的前提和基础条件。山场对"岩骨"的影响主要表现在土壤和微域小气候两个方面，武夷山属典型的丹霞地貌，地质复杂，供给茶树生长的土壤多由火山砾石与页岩组成，而土壤则决定茶叶是否富含内含物质。

云窝山场

那么，山场对茶叶有哪些影响？

1. 空气

武夷山是国家级自然保护区，森林覆盖率高，负离子含量高。茶叶吸附性强，武夷山空气质量好，是天然氧吧，造就了天然真味的岩茶。

2. 水分

武夷山境内雨量充沛，年均降雨量为 1800 ～ 2200 毫米，降雨季节集中于 3 ～ 6 月，呈现春潮、夏湿、秋干、冬润的特点。在茶季降雨量一般都高于 100 毫米，适宜茶树生长。全年雾露较多，空气相对湿度大（湿度均在 80% 以上）。又因终年岩泉点滴不绝，茶园土壤湿润，茶树新梢持嫩性较强，不易粗老，芽叶肥壮。

武夷岩区幽涧流泉穿插茶园间，形成完善的茶园地下水灌溉系统。在水分供应正常的情况下，茶树中的淀粉含量高，对后期茶叶品质的影响在于茶汤中的甜味明显；如水分缺失，茶树中的糖类物质一直在分解，阻碍氨基酸的形成，滋味也就欠鲜爽、甜度降低。水分缺失的同时，对于多酚类物质的影响在于儿茶素（是形成茶叶滋味浓厚度、收敛性的重要物质）的减少，使得茶叶的口感淡薄、不耐泡。

3. 光照

武夷山茶园建立在峭壁、陡坡或岩谷之间，密林环抱，阳光散射到茶树叶面上；雾气笼罩，漫射光增多，光照时间比平地短，多数茶园终年无直射光照，茶叶中各种内含物，尤其是芳香物质的种类和数量与其他产区有明显的差异，形成岩茶独特的品质。

茶树喜光怕晒，喜欢漫射光，这些光照主要影响茶树碳氮代谢的平衡，进而影响茶叶的香气类型及滋味特征。一般情况下，多酚类物质（特别是儿茶素）的含量会随着日照量或者光照强度的增强而增多，使得茶汤收敛性更强；强光条件下，氨基酸特别是茶氨酸易受光分解，使得茶汤的鲜爽度降低。而芳香物质的形成与积累与碳素代谢成正比，因此光照强度、光照量对芳香物质的形成有着积极作用。

四月茶园山花灿烂

4. 温度

武夷山年均温度 17.9℃，最高温度 34.5℃（7月），最低温度 1～2℃（1月），极端天气很少出现。日夜温差大，早晚凉，中午热。白天茶树光合作用生成物质多，夜晚温度低，茶树呼吸作用减弱，有机物的消耗少，糖类缩合困难，纤维素不易形成，有利于茶树新梢中内含物的积累和转化，使氨基酸、咖啡碱、芳香物质等成分含量丰富。

春季气温较低，有利于氮代谢的进行，蛋白质、氨基酸等含氮化合物质形成较多。随着温度的升高，糖类物质的积累越多，多酚类物质的积累越多；而温度越高，越不利于氨基酸的形成与积累。

5. 土壤

武夷山岩石主要是火山砾岩、砾岩、红砂岩、页岩、凝灰岩等。武夷岩茶就是生长在这样的岩石风化土壤里的。土壤对于茶叶品质的影响是重中之重。不同

武夷山脉黄岗山生态环境

的土壤条件中所含有的矿物质元素种类及含量各不相同，影响茶树内含物质的形成，造成茶叶滋味厚薄、香气类型也不同。

6.植被

植被对于茶叶内含物质的形成起着辅助增强的作用。植被好，覆盖率高，可以起到保水、改善土壤肥力、生态调控、遮阴等效果；直接或间接地影响着茶叶内含物质的形成与积累。

（二）产区划分

根据土壤划分，不同山场茶园的氮磷钾三要素含量比例相距甚大。传统的武夷岩茶山场，划分如下：

正岩（紫色砂砾岩）：以著名的三坑两涧（慧苑坑、大坑口、牛栏坑、流香涧、悟源涧）为代表，还有慧苑岩、天心岩、马头岩、竹窠、九龙窠、三仰峰、水帘洞等。土壤含砂砾量较多，达24.83%～29.47%，土层较厚、土壤疏松、孔隙度50%左右，土壤通气性好，有利于排水，且岩谷陡崖，夏季日照短，冬挡冷风，谷底渗水细流，周围植被条件好，形成独特的正岩茶的"茶土"，富钾、锰，土壤酸度适中。茶香气持久、滋味醇厚。

半岩（红色硅铝质土）：分布在青狮岩、碧石岩、燕子窠等，主要是厚层岩红土，土层较薄，铝含量较多，钾含量特少，酸度高，质地较黏重。森林茂密，云雾缭绕，利于芳香物质和含氮化合物的积累，因此该产区岩茶香气仍较为馥郁。

洲茶地（河流冲积黄土）：主要是上述区域之外的黄壤土茶地及河洲、溪畔冲积土茶地等，范围较广泛。质地较粗黏，土壤含砾量较少；直射光过多，降雨量最小，常年平均积温较高，不论从光质和水热条件上均不如上述两产区，导致茶叶品质不如上述两产区。

2002年，武夷岩茶被列入国家地理标志保护产品。《武夷岩茶》标准（GB/T 18745—2002）将武夷岩茶产区划分为名岩区和丹岩区。名岩产区为武夷山市风景区范围，区内面积70平方千米，即东至崇阳溪，南至南星公路，西至高星公路，北至黄柏溪的景区范围。丹岩产区为武夷岩茶原产地域范围内除名岩产区的其他地区。

2006年，新版《武夷岩茶》标准（GB/T 18745—2006）将武夷岩茶地理标志产品保护范围限于武夷山市所辖行政区域范围，不再划分产区。

（三）常见山场类型

武夷山地质构造复杂，不同的地质构造形成了不同的山场类型，除了常见的九十九岩、七十二洞、三十六峰以外，还有不同形态的"窝""坑""涧""窠"等，而最终不同的山场类型对茶叶品质风格的影响也不同。

坑涧溪流

1."坑"

一般有两个出口，两面夹山，由多

牛栏坑"不可思议"核心区　　　　慧苑坑网红桥

个不同大小面积、不同生态小环境组成的区域。以牛栏坑、倒水坑、慧苑坑等为代表，所产之茶的风格多表现为香幽、水醇。

2. "涧"

两山相夹，常伴有水流，茶树生长环境湿润，遮阴效果佳，沟边有零散的风化沉积岩。以流香涧、悟源涧等为代表，所产之茶的风格多表现为气幽，香远而细、水醇，底蕴足。

3. "窠"

类似"坑"，山场面积较小，山场环境多变，有的伴有水流，有的偏阴凉，有的则都无。以竹窠、九龙窠、燕子窠为代表，所产之茶的风格多表现为香幽而细、水醇。

4. "窝"

四周环山，阴风常拂，面积较小。以云窝等为代表，所产之茶的风格多表现为香幽、水醇。

5. "洞"

一般有自己独特的小气候，主要通过流动的水和对流空气来调节，拥有相对恒温的环境，较阴凉。以鬼洞、水帘洞、玉华洞等为代表，所产之茶的风格多表现为香幽、水醇。

6. "峰"

山场类型多样，风格也多样。峰顶的，出高香、水甜；峰中央的，可做到香、水并重；峰底的，依据其生态条件不同可呈现不同的品质。以莲花峰、马枕峰等为代表。

7. "岩"

多数光照条件充足，土壤肥沃，供给茶树生长的营养物质成分丰富。以马头岩、碧石岩、佛国岩等为代表，所产之茶的风格多表现为高香霸气、辛辣刺激。

（四）坑涧茶、岗上茶、半坡茶

1. 坑涧茶

两面夹山，伴有水流，茶树生长环境湿润，日照时间短，又有风化沉积岩的冲积堆。故所产之茶的风格多表现为香气幽而细腻、不张扬，优雅稳重；茶水醇厚饱满、甜度佳。

2. 岗上茶

光照充足，水系较少，土壤肥沃，故所产之茶的风格多

茶园垒石而建

表现为高香型，属于香艳霸道型，水感辛辣刺激，滋味强烈。

3. 半坡茶

半坡茶既有日照又有坑涧，因而易出有香又有水的茶品。腐殖质少，茶叶蜡质较薄，比较好做出花果香。

徒步登上海拔 1200 米的茶山

（五）高山生态产茶带特征

持嫩性高：高山地带湿度大，茶叶的保水度高，青叶的持嫩度高。

醇厚甘冽：昼夜温差大，有利于茶叶内含物质的累积。

香气清甜高爽：雾气高，漫射光增多，有利于茶叶中含氮物质如茶氨酸等形成，这是形成优良的滋味、香气的重要条件。

高山韵：海拔高，茶叶具有独树一帜的"高山韵"，总体特征是水甜、香高、清纯。

六、解密三坑两涧

岩茶讲究山场，讲究正岩茶还是高山茶，同一树种在不同的产地所呈现的风格与滋味都不一样，所以我们会去追求慧苑百年老丛，或是牛栏坑肉桂。关于这些山场，你了解多少呢？一起来看看吧！

（一）慧苑坑

慧苑坑位于玉柱峰北麓，海拔高度 262 米。

慧苑坑原本就是个天然的名丛大观园，全坑松竹环翠，山麓遍栽武夷名丛。历史上武夷岩茶的花名有 800 多个，在慧苑一地就有 200 多个，可见此地名丛品种诸多。《茶经·之源》云："野者上，园者次。"许多名丛能在这里长久地生根发芽，与坑内诸多优良的气候是分不开的。"生烂石""野者"所成就的岩茶别有一番韵味。

慧苑最深处的古井并没有我们想象的井，只有一个山壁间流下来的泉水；也没有成片的茶园，只有一小块不规则的茶园，里面长着为数不多的老茶树。老丛的树桩很大，从地面 10 厘米左右就开始发枝，树比人高，枝桠肆意地生长，上面挂满了青苔，长满了白斑。茶园往上走一点，就到了古井的最高点了。

带山人指着一片林木，告诉我们这是最原始的古井老丛生长的地方，也不知道为什么，茶树都死了，也不生长了，后来都长满了其他的树木。武夷山又是国家森林公园，也不准伐木种茶，所以这一片原始的古井老丛，也算是完成了一段迭代吧。

（二）牛栏坑

牛栏坑位于宝国岩、北斗峰，海拔高度 238 米。

这里生态条件非常优越，茶山都在半山悬崖上，一层层用石头垒成，不惜工夫，足见这些茶树之珍贵。如今崖壁、砌石之上早已布满青苔、藓草，岩石表面黝色

牛栏坑旧厂大门

苍苍，茶丛生长其间。此地所产之茶，香气饱满，令人齿颊生津。牛栏坑幽谷森然，涧水长流；柔风常抚，大风不往，烈日不至，是岩茶的理想家园。

水金龟母株现植于牛栏坑杜葛寨下半崖上，属天心寺庙产。清末民初某一日大雨倾盆，峰顶茶园边岸崩塌，茶树被冲至牛栏坑之半岩石凹处停住，后来山流成沟，经树侧而下。当时兰谷岩主遂于此树外凿石设阶，砌筑石围，垒土以蓄之，共三株丛生一处。因系水中来，故以"水金龟"命名。1919～1920年间，兰谷岩主与天心岩寺僧为此树引起诉讼，历时十数年，耗资数千两，水金龟之名声亦随之而显，后人慨叹其胜，而题刻"仰止""不可思议"于牛栏坑岩壁上。自此水金龟之名大著，被列为四大名丛之一。

牛栏坑所产肉桂被称为"牛肉"。

（三）大坑口

坑涧茶园

大坑口位于天心寺东南边，海拔高度243米。

大坑口为通往天心岩的一条深长峡谷，坑涧两边茶园广布，又为东西走向，光照充足。大坑口地势较低区较宜种植水仙，半山腰或山冈上适合种植肉桂。两侧的茶地，静卧在树林山嶂掩映处，吸纳天地精华。大坑口为九龙窠、天心岩一带的溪水干流流域，水量丰富，溪流也带来上游的肥沃土壤，土层深厚，养料充足，所种植茶树无需施以肥料，因此茶品极佳。

（四）悟源涧

悟源涧位于马头岩南面，海拔高度 342 米。

悟源涧为流经马头岩南麓的一条涧水，涧水淙淙，幽兰芬香。通向马头岩的涧旁石径静谧安详，令人悟道思源，故名。石壁上刻此三字涧名，以及乾隆年间江西茶商捐资修建石径的题刻。茶树在此地常年与溪流相伴，梯形茶园土壤通透性好，排水性能佳。武夷山景区诸多山头流出的众多小溪流，汇集到马头岩区域，形成悟源涧的源头，涧水流到山脚的兰汤村，最后汇入崇阳溪。悟源涧四周峭峰林立，深壑陡崖，幽涧流泉，迷雾沛雨，夏日阴凉，冬少寒风，故而所产岩茶茶青制优率极高。

（五）流香涧

流香涧位于玉柱峰与飞来峰的西麓，海拔高度 280 米。

武夷山风景区内的溪泉涧水，均由西往东流，奔向峡口，汇于崇阳溪。唯独流香涧，自三仰峰北谷发源，流势趋向西北，倒流回山，两旁苍石丹崖，青藤垂蔓，野草丛生，其间还夹杂着一丛丛石蒲、兰花。一路走去，流水声与飞花相随不舍，一缕缕淡淡的幽香扑鼻而来。明朝诗人徐熥游历此地，不忍离去，遂改涧名为"流香涧"。随着山涧往北一折，即为清凉峡。该峡两旁危崖夹涧而立，抬头仰望，犬牙交错的崖石，岌岌欲坠，当中只留下一线空隙，到正午时才会透进一缕阳光。茶树生长在这里，不仅有"岩骨花香"，更有流香之韵，留香在口，令饮者过齿难忘。

"流香涧"崖刻

九龙窠崖刻　　　　　　　　　　　　　　九龙窠茶坊

（六）九龙窠

九龙窠位于大红袍景区内，海拔高度 326 米。

九龙窠为母树大红袍的所在地，峡谷两侧峭壁连绵，逶迤起伏，形如九条龙，故名。沿着幽谷铺设了一条石径，两侧涧水长流，茶园碧绿，芬香沁人，景色幽美。出峡平旷之处的岩壁上凿满包括"晚甘侯"在内的历代名人题咏武夷茶的摩崖石刻，其中有北宋范仲淹、南宋朱熹、清代崇安县令陆廷灿的诗作。九龙窠建有名丛园，散布于峡谷两侧。名丛园就山势开垦，或依幽谷，或傍山崖，遍植武夷奇茗 27 种，最著名的有白鸡冠、水金龟、半天妖、铁罗汉、白牡丹、白瑞香等。这说明九龙窠非常适宜种植和培育茶树，此处为岩茶的种植与生产培育了许多品种。

（七）竹窠

竹窠位于流香涧西侧，海拔高度 351 米。

竹窠是一个天然的山间谷地，自古是产茶胜地，清代朱彝尊《御茶园歌》诗云："云窝竹窠擅绝品，其居大抵皆岩坳。"比起三坑两涧那些狭长的山涧，竹窠的地势更加低洼，被笑称为三坑两涧的"盲肠"。低洼的地势，凝聚了许多的自然肥料和水分，土壤肥沃，水分充足，又避风排水，青苔滋生。水仙品种宽大的叶片决定了它光合作用能力比其他品种强，在竹窠里，每日短暂的光照对它来说足够了。

（八）鬼洞

鬼洞位于天心寺与慧苑寺之间，海拔高度284米。

鬼洞并非洞，实为一条细窄的峡谷，比"一线天"略见些青天。两边岩壁耸立，遍布青苔和蕨类植物，土质肥沃。这里小气候明显，因此孕育了许多名丛，遍地皆是茶树，为武夷名丛的另一个重要的发源地。

鬼洞分内鬼洞和外鬼洞，总面积不大，比起慧苑坑、马头岩而言，这里就是一条小小的峡谷。但这小小的一条峡谷却有两个奇特的地方，一是"名"奇，二是"茗"奇。

鬼洞山场

"名奇"：鬼洞位于倒水坑、火焰峰和慧苑坑、鹰嘴岩间，是一条西北向从低到高的幽邃峡谷。正由于地势与地形的独特性，造就了此地只有进风口却没有出风口，使得风灌谷内形成回流"呼呼"作响，犹若鬼魅出没。

另外，这里长年光照较少，整个山谷都显得格外潮湿荫翳，鲜有人至。无论是白天或是夜晚，气温都比外界更低，给人以阴冷之感。概是如此，后来才谓之"鬼洞"。

"茗奇"：据考究，鬼洞是武夷山原生名丛最为丰富的地方，以有性繁殖的菜茶种群为主；也是武夷岩茶四大名丛"铁罗汉"与"白鸡冠"的原生地。

（九）马头岩

马头岩位于悟源涧、大坑口之间，海拔高度 425 米。

马头岩因岩石形似马头而得名，旁边磊石岩，像五匹奔驰的骏马，又叫"五马奔槽"。马头岩地势比较平坦，形似章鱼，茶园像章鱼爪伸向各个岩谷，形成了许多小气候山场。在 20 世纪 80 年代末，由于肉桂的亩产量高，武夷山茶科所推广，政府补贴，鼓励种植，很多茶农砍去其他名丛种上肉桂。马头岩的土壤含砂砾量较多，土层较厚却疏松，通气性好，有利于排水；且岩谷陡崖，岩岗上开阔，夏季日照适中，冬挡冷风，谷底渗水细流，周围植被较好，形成独特的正岩茶必需的土质。同时，马头岩地势相对开阔，日照较长，茶叶的酚氨比较高，所产肉桂彰显辛锐的桂皮味，土壤和小气候山场造就醇滑甘润的口感。如今，"马肉"已经成为武夷肉桂的重要代表之一。

马头岩山场

第二章

工艺

一、深度解析岩茶之工艺

人说粮如银，我道茶似金。武夷岩茶兴，大念制茶经。一采二倒青，三摇四围水。五炒六揉金，七烘八拣梗。九复十筛分，道道工夫精。

——《制茶民谣》

岩茶的制作工艺技术很大一部分决定了成品岩茶的品质。岩茶的制作工艺技术可以说比较独特，其不仅采取了绿茶的工艺之精华，还采用了红茶的制作工艺来不断创新及研发，最终才形成独特的岩茶工艺技术。

（一）采青

岩茶一般只采春茶。鲜叶的采摘以新梢形成驻芽后3～4叶，俗称开面采，一般以中开面采摘为宜。采摘的鲜叶要保持新鲜，避免茶叶断折、破伤、散叶、热变等不利现象。

不同的采摘标准，在成品茶也将形成不同的香气。如肉桂，小开面主要表现为粉香或是乳香，中开面为花香、果香和花果香，大开面则为辛辣感足、桂皮味，

春山采茶

小开面采摘标准叶　　　　　中开面采摘标准叶　　　　　大开面采摘标准叶

所以肉桂也不全是桂皮味，还有果香、乳香、花香等。

那我们要怎么区分不同的开面采呢？

芽头肥壮，具有顶端优势，不适合采摘；

小开面，顶叶已展开且面积占第二叶 1/3 以下；

中开面，顶叶面积为第二叶的 1/3 至 2/3；

大开面，顶叶面积为第二叶的 2/3 以上；

对夹叶，生长于茶叶底盘。

（二）萎凋

萎凋是鲜叶丧失水分的过程，有日光萎凋和加温萎凋（阴雨天）。它是形成岩茶香味的基础。日光萎凋要根据日光（斜射）强度、风速、湿度等因素和各品种对萎凋的不同要求掌握。

萎凋时，将鲜叶薄薄地置于水筛或布垫等器具上，根据日光强烈程度确定晾晒时间，在萎凋过程中并筛结合翻拌。操作要轻，以不损伤梗叶为宜，翻后适当缩小摊叶面积，防止水

竹筐确保茶青透气

晒青（阿海 摄）

层筛晾青

分过多散发。

采摘回来的鲜叶进行摊放萎凋，这是茶叶的失水过程，我们可不能小看了这个过程。若是失水过多，会导致成茶叶质偏硬，没有光泽，味淡薄，因为茶叶很多的化学反应要在水的作用下进行转化合成。

（三）做青

由吹风、摇青、静置，反复多次交替进行。在综合做青机内进行，根据不同品种的不同特征，需摇青 5 ~ 8 次，历时 6 ~ 12 小时。

做青变化：香气由青气变为清香再转为花香、果香，叶色由绿色变为绿黄再到叶缘红边渐现，最后叶缘朱砂红，呈汤匙状，三红七绿，即为做青适度。

做青的原理：在鲜叶轻度失水的基础上，在适宜的温湿度条件下，通过多次摇青使叶与叶、叶与筛面碰撞摩擦，叶缘细胞逐步损伤并均匀加深，由此诱发的酶促氧化作用逐步进行，其氧化产物及其他内含成分的转化产物随做青的进程不断在叶内积累，做青叶产生绿底红镶边。随摇青与晾青的多次交替，做青叶"退青"与"还阳"现象也反复交替出现，从而完成做青叶的"走水"过程，形成乌龙茶滋味醇厚、香气浓郁、耐冲泡的品质特征。

手工摇青非常考验制茶人的技术，要求膝与肩同宽，身体前倾 20° 左右，与筛子及青叶的重量保持平衡，双手握筛子圆周 1/3 左右，以双臂感觉舒适为度。

半自动机器摇青，设定好摇青机参数，电脑主屏远程监控每一个摇青车间的状态及记录相关摇青数据，然后进行摇青。

对于摇青，很重要的一个点就是茶叶的"走水还阳"过程。茶叶中的水分在叶面中重新分布，走透，使茶叶转变为浅黄绿色。若是积水，容易导致成茶青麻的口感。

走水还阳其实是整个做青阶段都会有的，是一个缓慢的过程。但实际生产主要看的不是这个，而是以叶片的转色状态、发酵程度、香气变化等指标来判断茶叶是否做青到位。

至于三红七绿，是对于整体茶青而言，并不是对单个叶片而言。在做青过程中，芽头会比叶片更加容易红变，比例也不是一成不变的，生产过程也会考虑到市场的需求，二红八绿、一红九绿都会有，根据生产的实际情况去控制。所以大家作为非生产者，不能只看书、只信书，更应该关注的是一杯茶汤是否好喝、好茶应有的品质是什么，而不是缺乏自己的判断，别人说什么就是什么。

查看做青叶走水情况

（四）杀青

杀青

杀青是固定茶叶品质、做青质量和纯化香气的重要程序。在高温下完成团炒、吊炒、翻炒三样主要动作，破坏茶叶中酶的活性，阻止其继续发酵，促进香韵和味韵的形成，同时使茶叶失去部分水分呈热软态，以方便揉捻。

对于岩茶而言，摇青要摇8次，头两次轻摇，再适当加重。当然，在摇青的过程中也能感受到香气的变化，先闻到的是花香，再花果香、熟果香等，等香气到达最高，我们便要进行杀青啦。在感官熟度达到15%左右，下桶堆青以备杀青，锁住其花果香，当然还要防止茶叶进一步发酵。

（五）揉捻

揉捻成型挤出果胶。现在茶叶揉捻更多采用机揉，条索比较整洁好看。

揉捻是形成武夷岩茶造型的重要工序。揉捻时，青叶需快速放进揉捻机趁热揉捻，以达到最佳效果，装茶量需达揉捻机桶高一半以上至满桶；揉捻过程采用轻—重—轻的方法，使桶内茶叶自动翻拌和搓揉。

揉捻

初揉后可投入锅中复炒。复炒既可使茶叶条索回软利于复揉，又可补充杀青之不足，并使茶叶内含物直接与高温锅接触，轻度焦化而形成岩茶特殊韵味。复揉可使条索更加紧结，还可提高茶汤浓度。

揉捻后解块进入烘干

（六）毛火

毛火烘焙，掌握"薄摊、高温、快速"的原则。毛火因流水作业，烘焙温度高，速度快，故称"抢水焙"或"走水焙"。温度掌握在135～145℃，摊叶厚度2～3厘米，历时15

毛茶初烘

分钟，烘到七成干，不粘手，手触初焙叶有刺感。经摊晾3～6小时，即可进行复焙。

（七）晾索

初焙叶摊在水筛置于晾青架上，摊叶厚度8～12厘米。经过3～6小时摊晾，使梗叶之间水分重新分布，达到均衡，有利于复焙。初焙叶长时间摊晾是武夷岩茶传统制法特点之一，俗称晾索。

毛茶晾索让梗的水分重新分布

（八）复焙

温度掌握在110～120℃，历时20分钟，焙至足干，梗折即断。

（九）定级归堆

毛茶加工好后，进入精制加工阶段，首先要进行定级归堆，为毛茶拼配付制作准备。

（十）筛分

筛分的目的和作用，即分茶叶大小、长短、粗细和轻重，又能整饰外形，利于风选和拣剔。

（十一）扬簸

分别茶叶的轻重和厚薄，扬去黄片、茶末和无条索的碎片或其他轻质的夹杂物。

（十二）拣剔

拣出茶梗、茶片及茶籽等其他夹杂物，提高净度，提升外形品质。

（十三）炖火

武夷岩茶在一定温度的作用下经过一定时间的烘焙，使其内含物产生热物理化学变化，具有脱水糖化作用（熟化）、异构化作用、氧化及后熟作用，稳定并完善和增进岩茶独特色、香、味的品质。

古有梁章钜赞誉："武夷焙法，实甲天下。"今有陈椽高评："武夷岩茶，创制技术……无与伦比……"2006 年，武夷岩茶（大红袍）传统制作技艺被列入首批国家非物质文化遗产名录。岩茶成为第一个被列入非遗的茶类。

 专家有话说：好品质需要天时、地利、人和

"好品质岩茶需要天时、地利、人和。"不一定是三坑两涧的原料，但不能是茶山管理不好的原料；不一定是非遗大师的技艺，但不能是不讲究极致的工艺。另外，优秀的茶树品种和一流的采摘气候也是做出好品质岩茶的必备条件。

如果要用一句话来评价茶客对好品质岩茶的追求，刘国英这样说，"我们对茶叶品质的追求是综合性的，不单单是山场一个因素，也不仅仅是品种的因素，更不能完全取决于工艺。品种、山场、气候都是原料的基础，只有在这样的基础上，通过工艺赋能，茶叶的内质才能更好地被表达出来。"

"一定要客观、全面了解岩茶的工艺和影响因素，才能更好地判断茶叶的好坏，也能帮助大家正确地选择好茶。"刘国英不忘提醒岩茶爱好者，要理智消费岩茶。

二、岩茶关键工艺三要素

（一）岩茶采摘有讲究

关于岩茶的采摘有严格的标准，采摘的老嫩都与茶叶品质有直接的关系。岩茶一般开面采，小、中、大开面采摘对应茶叶的香气或是滋味都有不同的变化。岩茶采摘为什么讲究开面采呢？

茶的青叶和人一样，随着年龄的增长，内含物也随之增加，从茶芽到小开面、中开面、大开面，青叶的内含物结构及比例分布都不一样。长在顶端的芽叶有独特优势——养分供给的"顶端优势"，持嫩度高（纤维含量少，内含物也高）。之所以要采摘这些大小次第的叶子，是因为在做青的过程中，通过萎凋、摇青、揉捻、烘干等工序，让它们各自的内含物、香气和走水的方式重新分布、互相交融。重新分布后的内含物再均匀地附着在叶片（条索）上，使得每一个叶片（条索）都"雨露均沾"。通常，越是粗老的青叶味越薄，因此在毛茶初制后，要把已经完成使命的粗老黄片剔除。

至于茶梗的采与弃，也是类似的原因。

做青最重要的任务就是要把青叶里的苦水甩出来，因此要采用摇青的方式。无论手工摇青还是机器摇青，不外乎离心运动，类似甩干机的原理。青叶在离心运动中，苦水总是从比较轻的叶张往比较重的叶柄方向流。一个完整的待制岩茶茶青，是茶梗通过叶柄和三四个叶片连在一起的一个整体。茶梗、茶柄、叶脉是相

独有萎凋叶周转车准备杀青

通的，如同一个血管网组织，叶脉是毛细血管，叶柄是细血管，茶梗则是动脉。茶青在摇青的离心运动中，茶梗成为走水的管道，让走水更加顺畅。制成毛茶后，茶梗也就完成了它的使命而退出历史舞台。

　　做青工艺中，发酵是根本，而走水则是发酵的载体。为了走水畅通，在采青时尽量保持叶面的完好；青叶叶张如果被折断或破损，会造成叶脉不通，"排水管"不完整，走水不畅就会影响茶叶质量。这是岩茶制作工艺的微妙之处，也是和其他茶类制技艺中最大的区别之一。

（二）岩茶香气要探究

　　武夷岩茶重水求香，但香气也丰富多变，也是最能被喝茶人捕捉，从而总结出一泡茶的特点。早在明朝就有张源（1595年）在《茶录》中说：香有真香，有兰香，有清香，有纯香。表里如一，曰纯香。不生不熟，曰清香。

　　茶叶香气是茶叶的挥发性气体，它既能代表初制加工中鲜叶采摘的嫩度、制作过程芳香物质和茶多酚等其他物质的氧化或转化程度，各制作步骤间优劣处理过程、火候（火功）等，又代表了各品种间所具有的品种香是否得到充分的体现，以及地理小气候所带来的影响。目前武夷岩茶香气一般可分为青臭气（一般归为不好的气味）、清香、清花香、花香、花果香、果香。前三种清香型香气容易挥发，不能久贮，后三种属熟香型，较能长久存放。

做青间闻香

　　茶叶在冲泡后要求香气持久，雅而不俗，细而幽长。杯底冷香明显者为优。香轻飘，浮而短者为劣。但由于茶树品种之差异，香气又可分为不同类型，如乳香、桂花香、兰花香、桂皮香、蜜桃香、杏仁香、雪梨香、青苹果香、板栗香、棕叶香等，虽然这都是一些近似的形容词，不一定完全确切，品饮者实践越多，越能体会各种之奥妙。

茶叶中包含一些不正常的香气或异味渗入其中，就会影响品饮效果。如在初制加工做青不到位，导致多酚类氧化不充分而产生的"青味"（易误认为是清香）；发酵过头产生的酵味或不正常的闷味而产生的"发酵香"，易误认为是熟香；特别是摇青温湿度过高，烘焙晾索中摊放过厚、湿度过大而产生的"酵味"，经高火烘焙后误认为是火功香。另外一种是该品种应该发挥特点的品种香不显，而是出现该品种不应有的其他异香。

因此对各种香气的判断是一个非常细致的过程，如再涉及粗香型和细香型、锐香和幽香、长与短等，就更复杂了。

岩茶有品种香、工艺香及山场香等，要多尝试才能知行合一。

（三）岩茶返青可追究

对于岩茶"返青"，初学者一直很不理解，为什么会"返青"呢？"返青"到底是什么？

"返青"是指在岩茶成品茶退火之后，干茶呈现出青气、茶汤滋味带有青涩味的现象。其实通俗的理解，就是茶叶中的一些青气物质，杂质吐露出来，造成茶叶品质受损的现象。

那造成"返青"的因素有哪些呢？我们大多以为主要是焙火不透导致的，其实不仅仅是这样一个原因。

1. 萎凋不足

茶树鲜叶中含有一类低沸点的芳香物质，其中以顺-3-己烯醇（也称青

萎凋温湿度

雨天青做青间

叶醇）含量最高，约占鲜叶芳香油的60%，高浓度的青叶醇有强烈的青草气。萎凋过程可以促进低沸点如呈青草气的芳香物质挥发减少，促使高沸点的花香组分形成或显露，提高香气。

在做青过程中，茶叶内部发生一系列生化反应。首先是实现走水，做青叶通过振动作用，促进茶梗中的水分和可溶性物质一起经输导组织往叶肉细胞组织输送，从而增加茶叶的有效成分含量，将青涩青麻的物质转化，为制成滋味醇厚、香气高长的青茶准备物质基础。其次是在做青过程中蛋白质水解，游离氨基酸增多，这些氨基酸在黄烷醇氧化过程中还原形成醛类等香气物质，由于黄烷醇因氧化而减少，香气由青草气转变为花香。

若是做青不透，走水不畅，造成死青的茶叶，无论如何焙火，都会产生返青的现象。

2.焙火不足

无论是清香型或是足火型武夷岩茶，焙火均要焙透焙足。

杀青时温度偏低，散发水分不够充分致使杀青不透，导致毛茶干度不够；焙

做青间炭火升温

火的温度高低、时间长短、摊叶厚度均匀与否，都会影响制作过程中茶叶的含水量，导致成品茶退火后出现"返青"现象。

焙火能够很好地修饰茶叶中的杂质，将茶叶中的不足改进，但却不是引起返青的主要因素。

所以，返青主要还是岩茶制作工艺欠缺造成。茶叶加工过程工艺掌握

不当，在初制过程萎凋不足，做青不透，发酵不足，杀青温度偏低，散发水分不够充分致使杀青不透，烘焙温度偏低或摊青偏厚，毛茶干度不够；精制时烘焙不够透，或者烘焙开始时温度就偏高（急火），致使茶条内部水分还没有挥发。以上情况，在后期储藏过程中，都容易出现返青的现象。

焙火轻的岩茶，易返青、不耐放？

"做坏了的轻火茶不该由工艺风格来背锅。只要做青环节走水走透，焙火环节焙透，工艺到位的轻火茶照样很耐放，比如'空谷幽兰'就是个典型。"刘国英说到。

岩茶容易返青，源自茶叶含水量偏高，致使茶叶中的一些内含物质发生变化，从而产生异味。

而返青的原因无外乎两种，一是工艺不到位，做青走水走不透，或者焙火焙不透；二是泡袋不密封或存放环境不当，杂味、水汽进入茶包，被岩茶吸附，从而让茶叶发生变化。

在刘国英看来，现在因为技术和存放条件都改善了，越来越多的人敢做轻火茶。同时，有了像"空谷幽兰"一类工艺做到极致的轻火茶的成功经验，大家对轻火茶的风格有了重新认识，市面上"文火慢炖"的轻火茶就逐渐流行起来。

"那返青、做坏了的岩茶，喝了对身体有影响吗？"

"单单工艺做坏，更多影响的是口感，不会影响健康。但如果茶叶中有农药残留，或者保管不当变质了，才会影响健康。"

三、解密初制工艺内质变化

乌龙茶属于半发酵茶类，在其加工过程中，各个外形特征及香气都被控制在一定变化范围内，达到标准后便继续下一个作业，形成既有别于红茶以"多酚类及其氧化物"为主的味觉风格，也不同于绿茶以"多酚类"为主导的苦、涩味，自成一派。那在乌龙茶制作过程中，到底发生了什么？我们一起来看看吧！

（一）内质解密

解密一：原料选择

乌龙茶制作对原料理化性状的要求，是由乌龙茶品质风味及加工决定的。普遍认为，叶质脆而硬、角质层厚的鲜叶，能够在做青机械力的作用下保持叶缘受损而叶心基本完好的状态，从而保证"绿心红边"的形成。另一好处是角质层厚的鲜叶在长时间做青过程中，不至于失水过多过快而影响内含物有节奏地转移和转化。

岩茶机采（春秋岩茶 供）

物理性状	化学性状	适制性
叶片宽、梗子粗、叶片肥厚	内含物丰富	
梗粗/节间长比	比值大，嫩茎中水浸出物、氨基酸、芳香物等含量较叶片高	比值大，有利于走水、还阳，加速梗内可溶物输送和转化
叶长/叶宽比		比值小，有利于叶片之间碰撞和损伤，形成红边，包揉易扭曲成形

解密二：色泽、滋味形成

（1）绿心红边

主要物质如下：

红边：（与叶心相比）茶黄素、茶红素、茶褐素积累较多，较少叶绿素残留。

绿心：（与叶缘相比）较多叶绿素保留，茶黄素、茶红素、茶褐素积累较少，适量叶绿素降解产物。

鲜叶颜色深浅，叶缘叶绿素降解和多酚类氧化程度是影响其形成的关键；水"还阳"不畅不显，都不利于"消青"和"红边"的形成。

（2）砂绿油润

主要物质：（与红茶相比）较多叶绿素和脱镁叶绿素降解产物，少量茶黄素、茶红素、茶褐素，其他色素对鲜叶颜色及叶绿素含量有一定要求，一般以颜色偏深、叶绿素含量较高为宜。

（3）汤色橙黄明亮

主要物质：以茶黄素为主，辅以适量茶红素、儿茶素轻度氧化产物和黄酮类等。

发酵太重，多酚类氧化产物特别是茶红素、茶褐素积累过多，汤色偏红趋暗；相反，发酵太轻，汤色淡而泛青。

（4）滋味浓厚爽口

主要物质：水溶物丰富，适量茶黄素、茶红素和残留儿茶素，较多可溶性糖、一定含量的氨基酸、咖啡碱等。

挑青工

鲜叶粗老，发酵过度会因为多酚类含量不足，或是转化过量导致其保留量不够，降低茶汤刺激、厚重滋味；相反，茶汤苦涩、单调。

解密三：香气

（1）适当的茶树品种或较成熟的鲜叶中芳香物质及其前体丰富，类胡萝卜素等含量较高。

（2）嫩茎中的内含物，通过"走水"输送至叶细胞以增进香气。

（3）萎凋和做青作业促进了萜烯糖苷的水解和香气的释放，同时长时间的制茶操作使一些低沸点不良气味充分释逸，香气化学组成得到改进。

（4）适度的氧化限制了脂质降解和低沸点的醛、酮、酸等成分的大量积累。

（二）工艺解密

1. 萎凋与香气形成

日光萎凋

各种萎凋方法对乌龙茶香气成分产生影响。萎凋的比不萎凋的香气成分多，加温萎凋的乌龙茶香气比不萎凋或室内自然萎凋的多。

萎凋采用晒青或加温萎凋。晒青即日光萎凋，是利用日光促进鲜叶水分蒸发，激发酶的活化。但若晒青过度时，部分叶张红变、橙花叔醇、茉莉内酯、吲哚、苯乙醇、苯乙腈等香气成分减少，致使过度萎凋叶香气不良。日光萎凋使氨基酸和芳香醇随萎凋进展而增加，其他醛、酸、酯类也随之增加并新增11种挥发性成分，其中对香气贡献十分重要的萜烯醇、脂肪族醇、乙烯酯大量增加，从而提供了乌龙茶香气形成的先质。

光照对高档茶中的1-戊烯-3-醇、乙酸、反-2-己烯酯、苯甲酸甲酯、法呢烯、橙花叔醇、β-紫萝酮、苯乙腈、吲哚、甲基吡嗪的含量影响最大，因此，可以说晒青是诱导，它激发了乌龙茶香气前导物的形成或直接产生香气成分。

观察做青走水（春秋岩茶 供）

2. 叶底色泽的形成

乌龙茶制造工艺复杂，叶绿素转化产物最多，由于长时间的摇青静置，在叶绿素水解酶的作用下转化成叶绿酸；在炒青和干燥过程中，转化为脱镁叶绿素。

在制造过程中，叶绿素大量降解，并形成乌龙茶特有的叶绿素组分，其相对含量以叶绿酸a、b最高，脱镁叶绿素a、b次之，叶绿素保留最少，这就是乌龙茶呈黄绿色叶底的原因所在。

做青结束标准：第一叶红边显、第二叶黄绿软亮

3. 茶汤色泽和滋味的形成

茶多酚在热的作用下，进行一定程度的自动氧化，呈黄色，是构成茶汤黄色的成分之一。儿茶素热分解使复杂儿茶素含量下降，使苦涩味减弱，茶汤变得醇和爽口。

4. 工艺不当对品质的影响

（1）香气

产生青气：主要原因是鲜叶在做青过程中，摇青转数与力度不够，做青程度不足，鲜叶中带有青臭气的青叶醇等物质无法转化，因此在审评过程中会感到有青味。一般有青气味的岩茶，在口感上涩感也较重。

发酵味：香气中带有明显酵味，品种特征不明显，汤色偏红，鲜爽度缺失。其主要原因是在鲜叶初制过程中，做青时摇青用力过猛、次数过多，未能按"看青做青"原则进行适度做青，导致青叶损伤过重，叶片走水不畅，造成青叶发酵过度，形成"闷馊味"，也就是"熟而生酵"。

（2）汤色

汤色混浊：武夷岩茶的正常汤色为橙黄色、橙红色等，明亮、通透、艳丽。如茶汤混浊，则存在三方面原因。

①茶叶在储存过程中受潮，发生质变。

②鲜叶采摘过于粗老、杀青温度过高、揉捻过度造成梗叶破损从而使得后期茶汤混浊。

③鲜叶在做青过程中发酵过重，走水不够均匀，后期精制时焙火火功不足而引起汤色混浊。

汤色褐红：原因是杀青时温度过低，茶叶内含生化物质中的酶未完全消除而造成后发酵，该茶在后期精制过程中烘焙温度过低，从而造成汤色褐红，不透亮。

（3）滋味

滋味苦涩：是由于鲜叶采摘过于幼嫩，萎凋不均匀而造成做青不当，使得鲜叶中内含物质转化不足，使茶多酚与咖啡碱等苦涩物质过度存留于干茶中。

滋味粗淡：原因是鲜叶原料采摘过于粗老，干茶中"黄条"过多，内含物质欠丰富；做青时不能做到"看青做青"造成做青不足或做青过度，不能适时杀青，使得茶叶内含物质过分流失；后期焙火次数过多、焙火时间过长、火功过高等一系列不当加工工艺，会造成茶叶滋味粗淡，不耐泡。

（4）叶底

叶底青绿：是做青前期不足，多酚类物质氧化不足，导致鲜叶中叶绿素降解不够造成的。叶底青绿的岩茶多带生青味，滋味苦涩且香气轻飘。

叶底枯褐泛红萎缩：主要原因是鲜叶采摘偏粗老，晒青过重，翻拌不及时，造成叶面灼伤，以致走水不足、发酵过度。这种茶的茶汤色泽泛红、混浊，香气有较重酵味，滋味粗淡、有老水味，不耐泡，不易储存。

附：工艺与滋味雷达解析图

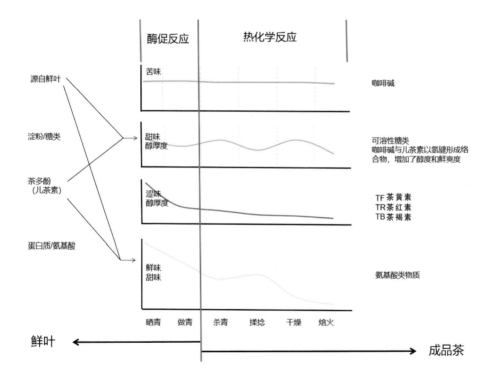

当工艺制作得当的时候，我们就会得到一杯口感均衡饱满的岩茶：

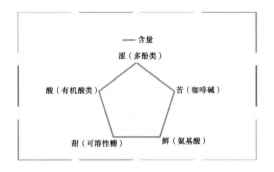

苦 ⟷ 涩：总是相伴而生，二者的协同作用主导了茶叶的呈味特性。

甜 ⟷ 苦：在一定程度上能削弱苦涩味，增进茶汤中的浓度和"味厚感"。

酸：有部分是鲜叶中固有的，也有部分是加工过程中形成的，因为在发酵茶的滋味构成中，酸味所占的比重要大一些。

注：若是某一类物质失衡，就会导致岩茶口感出现各种缺陷，比如苦涩、酸涩等问题。

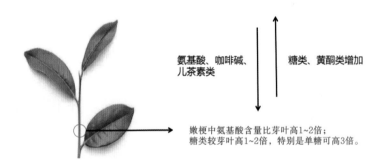

氨基酸、咖啡碱、儿茶素类

糖类、黄酮类增加

嫩梗中氨基酸含量比芽叶高1~2倍；
糖类较芽叶高1~2倍，特别是单糖可高3倍。

采摘：对品质的影响

鲜叶太嫩，叶片纤维素少，角质层未成熟，在相互碰撞中容易折断，叶内细胞容易损伤，儿茶素和咖啡碱保留过多，甚至全部变红，达不到岩茶品质要求，香味低淡和青涩。

采摘：对品质的影响

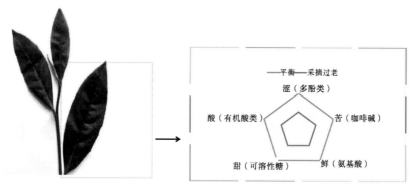

采摘：对品质的影响

鲜叶过老，没有内含物可供转化，做出来的茶汤滋味粗老。

晒青：对品质的影响

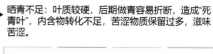

晒青不足：叶质较硬，后期做青容易折断，造成"死青叶"，内含物转化不足，苦涩物质保留过多，滋味苦涩。

晒青：对品质的影响

晒青过度：失水过多，萎凋叶呈萎凋干枯状态，叶脉不相通和部分先期变红，成品茶滋味淡薄，枯树叶的味道。

做青：对品质的影响

做青不足：产生青气。主要原因是鲜叶在做青过程中，摇青转数与力度不够，做青程度不足，鲜叶中带有青臭气的青叶醇等物质无法转化，因此在审评过程中会感到有青味。一般有青气味的岩茶，在口感上涩感也较重。

做青：对品质的影响

做青过度：其主要原因是在鲜叶初制过程中，做青时摇青用力过猛、次数过多，未能按"看青做青"原则进行适度做青，导致青叶损伤过重，叶片走水不畅，造成青叶发酵过度，形成"闷馊味"，也就是"熟而生酵"。

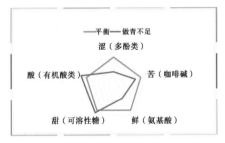

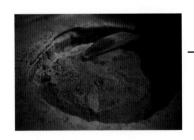

焙火：对品质的影响

长时低温慢炖或反复多次焙火或者病火，使得茶叶内所含物质过分流失，造成茶叶滋味粗淡，不耐泡。

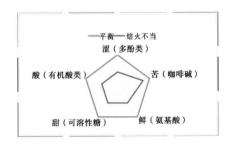

四、岩茶焙火知识详解

茶圈历来就有"南做青，北烘焙"的说法，武夷岩茶令人一饮难忘的特有香韵和茶汤口感与焙火紧密相关。根据焙火的程度，武夷岩茶可分为轻火、中火和足火等不同火功的产品。所谓焙火程度（火功），系指焙火时间的长短及温度的高低综合作用，相互影响所形成的结果。

（一）焙火通识

1.焙火的目的

首先是为了降低水分含量、确保存放期间的质量，避免成品茶在存放过程中发生影响茶叶品质的变化。一般来说，成品茶中水分的含量要小于6.5%；当含水量在6.5%以上时，会有较多的游离水，游离水会将氧带进茶叶中，导致茶叶渐渐变质。

焙茶坊

其次是为了改善或调整茶的色、香、味、形。茶本身的香气不足，借火来提高火香，这个过程起作用的是化学变化。尤其是茶叶的拼配，必须借火的力量来将质量划一。因此，烘焙环节是制作岩茶的灵魂。

2.焙火的原理

木炭因为其独特的结构，具有超强的吸附能力，能自动调节湿度，对硫化物、氢化物、甲醇、苯、酚等有害化学物质起到吸收、净化作用。采用传统

盖冷灰（春秋岩茶 供）

古法炭焙的茶，品质远远优于现代机焙的茶。就目前探知的资料来看，焙火过程主要包括：通过提升温度脱水糖化，促进内含物分解、转变形成新的工艺香；热力促使茶色素氧化转化，形成汤色；降低水分，达到储存条件。

3. 物质转化原理

焙火次数越多、焙火温度越高，茶叶芳香物质特别是低沸点的芳香物质会逐渐减少，转为更加稳定的熟香（果香、乳香、桂花香等）及炭焙所赋予的特殊风味——火功香。在焙火的过程中，滋味更加醇厚、顺滑，岩韵表现更加明显，口感的体验性更强。

4. 岩韵与焙火

武夷山拥有正岩山场的茶农们一致认为，焙火温度的高低能从旁推敲茶叶山场的好坏。山场越好，越经得住炭焙（但具体的焙火情况依旧要根据前期做青程度而定）。"岩韵"的魅力，必须靠火来激发。

（二）不同火功品质特征表现

1. 欠火

岩茶加工过程只经过走水焙或吃火时间太短、温度太低（低于60℃），造成岩茶火功欠缺。欠火岩茶外形色泽偏绿，手

炭焙间测温（春秋岩茶 供）

炭焙翻笼（春秋岩茶 供）

捻干茶成片状或颗粒状；香气多为青香，细嗅还夹杂有青味或其他杂味；滋味欠醇，带苦涩味；汤色黄绿，浑浊，为岩茶不合格的火功。

2. 轻火

轻火岩茶焙火温度较低（80～90℃），时间较短（3～4小时），所以火功较低。轻火岩茶香气清远，高而幽长、鲜爽；滋味甘爽微带涩，品种特征明显，但韵味稍弱；汤色金黄或黄色，稍淡；叶底三红七绿，鲜活。

3. 中火

中火岩茶焙火温度一般控制在90～100℃，时间4～6小时。中火岩茶香气浓郁，带花果蜜糖香，杯底香佳；滋味醇厚顺滑，耐泡，岩韵显；汤色橙黄；叶底隐约可见三红七绿，品质耐贮藏。当前茶叶市场的主流产品为中火岩茶。

4. 足火

足火岩茶焙火温度一般控制在100～120℃，时间6～12小时。传统岩茶火功一般掌握足火，其火功较高。如水仙等传统品质，干茶叶脉突出俗称露白骨；茶香气多表现为果香，杯底香佳；滋味浓厚，耐泡；汤色橙黄明亮；冲泡后叶底舒展后可见突起泡点，俗称"蛤蟆皮"或"起泡点"，茶叶耐泡耐贮藏。

炭焙摊晾（春秋岩茶 供）

1996 年六曲肉桂茶汤

5. 高火

高火岩茶焙火温度一般控制在 120～140℃，时间 8～12 小时。低档岩茶为了掩盖苦涩等不良气味，采用高温长时烘焙。茶叶香气为焦糖香，消费者喝到的"甜味"是炭化后的焦糖甜，而已经不是茶叶本身的物质成分。

它的干茶色泽呈黑色，香气多为焦气，味浓且多为焦味，茶汤暗，叶底硬挺黑褐，三红七绿不可见。高火岩茶接近炭化，茶叶的内含物已经全部被破坏，一些氨基酸、单糖、多糖等甜味的内质成分也早就被炭化。

6. 病火

病火即焙火时温度太高（超过 160℃）或吃火太急，造成茶叶带焦味，汤色黄黑色，叶底不见三红七绿，部分或全部炭化。品质劣变，不宜饮用。

（三）焙火常见的知识误区

1. 新茶火气

喝了刚焙的茶，你的喉咙是有火气的，很快就会感觉喉咙卡壳，嗓子不舒服。而且刚焙出来的茶汤没有绵柔，没有顺滑，有一种"糙"感，香气和滋味也被火掩盖，喝下能明显感觉到一股火气。

新茶建议放置一段时间再饮用，让茶叶退火，进入"后熟作用"，待滋味、香气都显现出来的时候再饮用，滋味最佳。轻火岩茶退火一般在 2～3 个月，中轻火的 4～6 个月，中火的退火时间 8～10 个月，足火的退火时间约 12 个月。退火之后饮用，香气馥郁清纯、滋味醇厚甘爽，这便是一泡茶的"最佳饮用期"。

观叶底

2.退火期与上市期

岩茶经过焙火之后，都需要一个退火期，俗话说："火味未除莫近唇。"火未退的茶，一是口感稍欠，二是喝完之后，容易上火。

岩茶的退火期和上市时间是挂钩的，岩茶退完火包装之后基本就可以上市了。不同火功的岩茶退火期是不同的，轻火型岩茶退火时间最短，很多商家为赶在中秋前上市，基本走的就是轻火型的；而足火型岩茶退火

中火茶汤

时间最长，基本要等到第二年了，"家家卖弄隔年陈"也是这么来的。

（四）火功对茶叶品质的影响

不同的品种、不同的火功，这个"透"的程度不一。例如一些高香茶，内含芳香物质有低沸点的，为了留香，只能低温慢焙，火功到位，焙到叶底起轻微的"蛤蟆背"即可。以足火岩茶"焙透"为例，其叶底已经完成转色，呈暗褐色，叶底起泡点（蛤蟆背），细小而均匀，叶底舒展性仍在，用手去搓揉有韧度，富有弹性。滋味则更加顺滑、醇厚，回甘快。

那烘焙工艺会影响什么呢？

消费者通过茶汤颜色的不同，能明显地感受到烘焙火功的高低，这是对烘焙工艺最直观的感受。同时烘焙会影响岩茶的香型，就是香气的特征，是花香、果香还是木质香，或者兼而有之，除了前面所说的香气形成影响因素外，烘焙的影响至关重要。

烘焙工艺还会影响岩茶的滋味。我们喝到的茶汤滋味，有些发酵更轻一些，或者更青涩一些，偏向绿茶，有些喝起来偏向红茶，有些又喝起来更醇厚一些，这些都跟精制烘焙有关。

茶山春景

既然烘焙工艺如此重要，是否有规律可循？

"岩茶的传统烘焙工艺纷繁复杂，无定法可循，如何控制火候，全靠制茶师傅心口相传的经验。"这正是烘焙工艺的难点所在。

而烘焙技艺中最难的要数炭焙工艺。炭焙是焙茶的最高技术，采用炭焙炖火才能达到武夷岩茶"活甘清香"的独特品质。好的岩茶由烘焙火点、时间、温度不同而带来瞬息万变的口感，往往要求制茶师傅通宵蹲守，依靠对空气温度、湿度的敏锐感知，每半小时左右试一次。武夷岩茶制作技艺的艰辛复杂，由此可窥见。

五、岩茶做青与焙火相辅相佐

（一）做青工艺与焙火工艺谁更重要

决定武夷岩茶品质的因素有很多。就做青与炭焙而言，茶叶的品质在毛茶制作期间，包括地域特征、品种特征、品质风格就已经基本定型，炭焙工艺只是将这些特征固化，并使茶叶的香气向更高沸点、更耐保存的方向转变，同时又使滋味更加醇厚，岩韵明显。

做青与炭焙是武夷岩茶制作中必须相辅相成的工艺，只是工艺有先后，并无谁更重要的说法。

高境界的制茶师，对茶性的了解是相当到位的，做青过程中就已经根据鲜叶

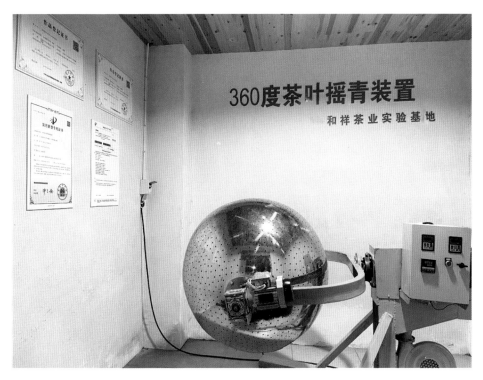

360度茶叶摇青机

焙笼

的特质，而确定毛茶要拿捏到何种程度，明白做青工艺是为下一步的炭焙工序准备的，为主导市场或是迎合市场做配套服务的。

武夷岩茶制作工艺复杂，环环相扣，每一步工艺对下一步工艺都有很大的影响，经过一系列的生化变化，最终在我们面前呈现一杯好茶。那我们最关心的做青和焙火两个问题，有什么影响呢？它们之间既有因果关系、转折关系、递进关系，也有互补关系，它们之间关系的处理方式能决定岩茶的最终品质。

（二）做青与岩茶香型的关系

传统型焙火，干茶油润

这里可能有一个理解上的误区，大家通常认为清香型与熟香型岩茶是发酵程度的不同，清香型岩茶发酵比熟香型的轻。而实质上，这与岩茶的焙火程度有关，所谓的清香型岩茶是指发酵程度到位，焙火程度较轻的茶。发酵过轻的话，其青味不能完全去除，其成品茶会有臭青味，在岩茶的制作工艺上称为"发酵不到位"。在做青到位的情况下，发酵程度相对较轻的茶，所含香气成分较多，能产生橙花叔醇等特异成分；做青相对较重的茶，其高沸点的香气成分含量高。

做青，发酵轻重影响乌龙茶香气成分、比例和数量。

手工摇青

（三）做青对岩茶耐焙火程度的影响

茶叶经过焙火后其内质是会变化的，在高温作用下发生美拉德等一系列反应，将茶叶内质进行转化。过高的火功会导致茶质变"空"，茶叶炭化而无内涵，茶汤索然无味，也就是我们所说的病火。焙火温度的高低，也影响了茶会不会焙"空"，同时它与发酵程度也有很大的关系。一般情况下，发酵过轻的岩茶，耐火程度较差，过高的火功容易导致茶质变"空"；而发酵程度到位的茶，耐火程度较高，茶质在焙火过程中的物质转化也较为丰富。

（四）做青与焙火相辅相成

做青和焙火的程度不同，也决定了品质的差异。传统工艺的茶叶摇青重，叶片边缘细胞破损率高，红边明显，发酵程度高，毛茶茶汤的汤色呈橙黄或橙红；现代为满足多元口感的需求，部分岩茶发酵程度低，摇青轻，红边不明显，茶汤的汤色呈绿黄或金黄。

摇青结束，呈汤匀状

焙火是提升岩茶香气与滋味的最后一道重要工序。传统岩茶多为中足火，滋味表现醇厚，香气浓郁，与茶汤交融，香气呈熟果香型；轻火型是近年来市场上的新宠，其香气馥郁高扬，呈花香或花果香，滋味清醇爽口，回甘生津。

（五）因茶施焙

经摇青走水叶片绵软

武夷山有句老话："做青三年，焙火十年。"意思是学做青三年可能就可以了，而学焙火，即使是十年也不一定能学好。茶要"看青做青"，更要"看茶焙火"。一个合格的焙茶师能根据毛茶的品种、原料老嫩程度、做青程度、预设风格来制订焙茶计划，走什么样的火功、焙火时间，或是焙火次数，都是有讲究的。换句话说，不同品种的茶，不同的发酵程度，所需的焙火不同，其品质也是不一样的。一般来说，花香显的茶，可以轻焙火以留香，如黄观音、奇兰、八仙等品种茶。而重水且发酵到位的品种则可以走中足火，如肉桂等。经验丰富的师傅，在审评毛茶时就可以判定该茶品需用什么方式的焙火才可达到最佳品质。

（六）焙火可修饰做青之不足

通过焙火对做青有欠缺的茶进行补救，如对水走得不透、稍有渥堆的毛茶进行补火、慢炖等，可清掉部分青气和杂味，将茶叶不足之处进行修饰，同样对于做茶人技艺要求较高。

1.原料缺陷

茶青质量差、有劣变，青叶在采制之后的运输过程时间长，青叶发热、发酸，茶叶出现"渥味""酸味""闷味"，这些在前期的做青过程难以处理，厂家只能在后期的焙火提升温度来掩盖修饰。

2. 工艺缺陷

茶叶在萎凋过程中倒青过重，青叶倒死；摇青过重，青叶损伤过度，茶叶积水，出现"苦涩""酵味""死青味"等，以及茶叶在炒青过程中炒过头、炒焦，厂家也会在后期的焙火加高温度来掩盖修饰。

六、岩茶蛤蟆背的形成与影响因素

蛤蟆背

"蛤蟆背"是武夷岩茶不成文的品评术语之一，广泛流行于武夷山茶区及所有岩茶爱好者的意识中。它是指武夷岩茶经过科学合理的技术加工，再经烘焙后，在干茶条索表面显现的颗粒泡点。茶叶冲泡后，将其叶底在清水中展开，可见叶面不规则的隆起、叶背及叶脉上突起的颗粒状泡点。

民国时期，林馥泉《武夷茶叶之生产制造及运销》中有记载："优良之岩茶制成品，必须具有如下之标准条件……色泽：色须呈鲜明之绿褐色，俗称之为宝色，条索之表面，且须呈有蛙皮状之小白点，此为揉捻适宜焙火适度之颜色。"

这里的制成品是指茶叶初制加工的成品，也就是采摘后的鲜叶经过萎凋、做青、杀青、揉捻、烘干后的茶叶初制品。

这些"优良之岩茶制成品"的小白点，是怎么形成的呢？

武夷岩茶得益于优越的地理条件，优质的生态环境，优良的鲜叶原料，加之优异的制作技艺，从而形成了"色呈鲜明之绿褐色，条索之表面，呈有蛙皮状之小白点"。

密集而又均匀、美观的小白点本是青叶用于吐纳的气孔，它采集日月之灵气，汲取天地之精华，蓄积着正能量；下山后，它一直吐纳有度，经历了萎凋、做青、杀青、揉捻、烘焙等过程，最终定型于茶叶条索之表面。

雅致的小白点要变成醒目的蛤蟆背，还需要一个重要的环节，那就是岩茶的精制烘焙过程。

高级别的岩茶，其焙火工艺特别讲究，焙火方式采用炭焙法，焙火程度需焙到中火或足火。由于茶叶的导热性差，传热慢，因而焙时较长。茶叶在足干的基础上连续长时间的文火慢炖，以增加汤色，提高滋味醇度，并促进茶香熟化，提高耐泡度。

茶叶需焙至足火，才能凸显蛤蟆背状态，烘焙温度在100～120℃，历时6～12小时以上，约每45分钟翻焙一趟。前期，茶条逐渐收缩，茶叶外部温度明显高于内部；中期，茶叶外部温度略高于内部，茶叶内含物质热化学反应加速，香味逐渐转熟，叶背及叶脉气孔壁增厚；后期，茶叶内外温度增高且接近，在翻焙时由于温度的降低，内部气体迅速膨胀，压强减小，气泡再次增大增厚，叶脉突出，叶肉形成明显的突出泡点，即蛤蟆背状态。

相对来说，武夷岩茶只要焙足火，皆有蛤蟆背状态出现。但如果茶叶品质达不到一定的要求，则虽有此状态，却不为典型。

以下列举几种不易形成蛤蟆背的成因。

静置红边

（1）青叶在采摘、运输过程，或萎凋前期，造成破损、梗折断或叶张断裂，细胞过早破裂，青叶由于不具备完善的局部整体结构，而无法正常走水返阳。

（2）杀青技术不当，杀青过度，叶色焦黄或枯黄。

（3）如果揉捻第一阶段便施压过度，致使揉捻叶杂乱卷缩在一块，无法形成卷曲的茶条，或搓揉过度而断碎。

（4）精制烘焙过程中，因一时温度过高，部分叶子外层先干，形成硬壳等。

总之，优良品质的岩茶成品茶，焙到足火后，其泡点均匀，蛤蟆背美观，品质稳定、耐久藏而香色均不易劣变。

小结：在加工工艺上，岩茶独具特色。"做青"和"焙火"是岩茶区别于其他茶类品质的重要工序，做青与细胞破损、发酵程度直接相连，焙火与茶叶风味直接相连，两者工艺都与茶叶的香气、滋味紧密相关。

蛤蟆背对品质有什么影响？

　　茶叶在烘焙时吸收热量超过一定程度时，需要有一个通道释放，也就是茶叶在长时间的烘焙过程中，因为高温的作用茶叶受热膨胀，使干茶条索及叶底表面看起来比较粗糙，凹凸不平，形似蛤蟆的背部，所以叫蛤蟆背。

　　"蛤蟆背"的泡点数量和大小受温度高低影响。焙火温度越低，泡点数量越少，泡点越小、分布较散；随着焙火温度的增高，泡点数量逐渐增多，泡点略微增大、分布密集。"蛤蟆背"的泡点数量还受焙火时间影响。相同温度下，焙火时间越长，泡点数量越多、分布越密集；焙火时间较短，泡点数量相对较少、分布较散。

　　"蛤蟆背"只是反映武夷岩茶火功程度，不能作为判断茶叶好坏的标准。岩茶品质的优次，要看产地、品种、管理、鲜叶原料、天气、工艺等一系列因素，而不是单单凭叶底这一项就能判定成品茶的优劣。在武夷岩茶烘焙工艺中，"蛤蟆背"一出现，表明茶叶的火已吃进去，冲泡后叶底黄亮。但"吃火"不能过，过度"吃火"，"蛤蟆背"出现的泡点多而黑暗，冲泡后叶底似木炭黑，见不到一点微黄色，是不正常现象。因此"蛤蟆背"可出现但不能过，出现"蛤蟆背"只能说明茶的火功到位，但不一定说明茶的品质就是最好的。

第三章

审评

一、深度解析岩茶之审评

称重

岩茶审评是将茶叶的色香味结合，用感官去体验茶叶所带来的感受，要求我们时刻锻炼自己对茶叶的感官感受，去体验什么是"地域性"香气，什么是自然花香，以及那是一种什么花的香气。在日常生活中，要捕捉一些自然香气的信息，以丰富感官感知知识，结合理论，去审评一款茶叶的好坏。那么，现在跟评姐一起看看岩茶的专业审评吧。

武夷岩茶是用容量110毫升的钟形盖碗冲泡，审评克数标准为5克。

（一）干茶审评

干茶

干茶审评以条索、色泽为主，结合嗅干香。

条索：看松紧、轻重、壮瘦、挺直或卷曲等。不到位的干茶条索偏松，易断片，揉捻过重导致茶汤浑浊。

色泽：调和一致，光润。以砂绿或间蜜黄油润为好，以枯褐、灰褐无光为差。

净度：洁净，避免有茶梗、黄片和其他杂物。

匀整度：匀整，避免断片、碎末、大小不一。

干香：嗅其有无杂味、高火味等。

（二）香气

湿评以香气、滋味为主，结合汤色、叶底。主要闻杯盖香气，在每泡次的规定时间后拿起杯盖，靠近鼻子，闻杯中随水汽蒸发出来的香气。第一泡闻香气的高低，是否有异气；第二泡辨别香气类型、粗细；第三泡闻香气的持久程度。

1.香气解读

花香：多种，有具象的如"兰花香""桂花香""茉莉花香"等，还有混合花香。

花果香：花香兼熟果的香型。

果香：多种，有具象的如"水蜜桃香""梨香"等，还有混合熟果香。

奶香：例如"石乳"这个品种内含特殊物质成分，制作工艺到位就可出"奶香"；采制的青叶偏嫩也会出"奶香"。

落水香：茶汤有香，香水结合。

炭火香：焙火适当，茶叶本味留存的同时还带有的，是一种舒适的火香。

2.香气程度性

馥郁，浓郁：香型凝聚不扩散、完整且具象，浓度高。

持久：山场好、内质厚；做青"透"，焙火"足"等。

香气弱，落得快：采制的青叶老嫩程度不均匀；冲泡落差大；冲泡用水质量差等。

香型变化多：与滋味的变化是一致的，都是一泡好茶的体现，也是香气馥郁度的表现。

香型稳定：香气落差小，留存性好。

（三）滋味

滋味有浓淡、醇苦、爽涩之分，以第二泡为主，兼顾前后，特别是初学者，第一泡滋味浓，不易辨别。茶汤入口刺激性强、稍苦，回甘爽，为浓；茶汤入口苦，出口后也苦，而且味感在舌心，为涩。

1.滋味程度性

醇厚：茶汤质稠，口感饱满。

茶气足：饮用之后通气、发汗、打嗝等。

持久耐泡：茶叶冲泡到第七、八泡还有滋味，持续长，落差小。

跑得快，不耐泡：茶叶冲泡到第四、五泡出现滋味落差，六泡之后滋味淡薄，不持久。

单薄：茶叶冲泡到第三、四泡就淡薄无味。其原因主要是：山场条件欠佳，茶叶内质薄；采制的青叶老嫩不均，老叶多等。

2.滋味层次性

程度变化多：好茶的变化丰富，在冲泡过程中，内含物质会随着浸泡过程不断变化。例如第一泡多表现为火功香和甜香；随着火味渐去，多表现为工艺香（花香、花果香、果香）；再往后就是茶叶的本香逐渐显露，多表现为品种本身的气息和植物草木的气息。

稳定：滋味落差小，第一泡到最后一泡的层次变化小。其原因主要是：品种因素，例如水仙品种特征的稳定性；山场条件优，茶叶内质丰富；采制的青叶，老嫩程度均匀；制作工艺到位等。

（四）汤色

注水

汤色以金黄、橙黄、清澈明亮为好，视品种和加工方法而异。

橙黄：指黄中微带红，似橙色或橙黄色。

橙红：指橙黄泛红，清澈明亮。

红汤：指浅红色或暗红色，常见于陈茶或烘焙过头的茶。

明亮：指茶汤清净透明。

（五）叶底

叶底应放入装有清水的叶底盘中，看嫩度、厚薄、色泽和发酵程度。

软亮：指叶质柔软，叶色透明发亮。

肥亮：指叶肉肥厚，叶色透明发亮。

绿叶红镶边：指做青适度，叶缘朱红明亮，中央浅黄绿色，也称为"三红七绿"。

焦条：指烧焦发黑的叶片。

粗老：指叶质粗硬，叶脉显露，手按之粗糙、有弹性。

叶底

炭化：指焙火温度太高，且急火，或者焙火时间太长，使得茶叶条索硬化，浸泡后叶张仍然不能张开。

（六）名茶审评

1. 大红袍

项目		级别		
		特级	一级	二级
外形	条索	紧结、壮实、稍扭曲	紧结、壮实	紧结、较壮实
	色泽	带宝色或油润	稍带宝色或油润	红点明显
	整碎	匀整	匀整	较匀整
	净度	洁净	洁净	洁净
内质	香气	锐、浓长或幽、清远	浓长或幽、清远	幽长
	滋味	岩韵明显、醇厚、回味甘爽、杯底有余香	岩韵显、醇厚、回甘快、杯底有余香	岩韵明、较醇厚、回甘、杯底有余香
	汤色	清澈、艳丽、呈深橙黄色	较清澈、艳丽、呈深橙黄色	金黄清澈、明亮
	叶底	软亮匀齐、红边或带朱砂色	较软亮匀齐、红边或带朱砂色	较软亮、较匀齐、红边明显

2. 肉桂

<table>
<tr><td rowspan="2" colspan="2">项目</td><td colspan="3">级别</td></tr>
<tr><td>特级</td><td>一级</td><td>二级</td></tr>
<tr><td rowspan="4">外形</td><td>条索</td><td>肥壮、紧结、沉重</td><td>较肥壮结实、沉重</td><td>尚结实、卷曲、稍沉重</td></tr>
<tr><td>色泽</td><td>油润、砂绿明、红点明显</td><td>油润、砂绿较明、红点较明显</td><td>乌润、稍带褐红或褐绿色</td></tr>
<tr><td>整碎</td><td>匀整</td><td>较匀整</td><td>尚匀整</td></tr>
<tr><td>净度</td><td>洁净</td><td>较洁净</td><td>尚洁净</td></tr>
<tr><td rowspan="4">内质</td><td>香气</td><td>浓郁持久、似有乳香或蜜桃香、或桂皮香</td><td>清高幽长</td><td>清香</td></tr>
<tr><td>滋味</td><td>醇厚鲜爽、岩韵明显</td><td>醇厚尚鲜、岩韵明</td><td>醇厚、岩韵略显</td></tr>
<tr><td>汤色</td><td>金黄清澈明亮</td><td>橙黄清澈</td><td>橙黄略深</td></tr>
<tr><td>叶底</td><td>肥厚软亮、匀齐、红边明显</td><td>软亮匀齐、红边明显</td><td>红边欠匀</td></tr>
</table>

3. 水仙

<table>
<tr><td rowspan="2" colspan="2">项目</td><td colspan="4">级别</td></tr>
<tr><td>特级</td><td>一级</td><td>二级</td><td>三级</td></tr>
<tr><td rowspan="4">外形</td><td>条索</td><td>壮结</td><td>壮结</td><td>壮实</td><td>尚壮实</td></tr>
<tr><td>色泽</td><td>油润</td><td>尚油润</td><td>稍带褐色</td><td>褐色</td></tr>
<tr><td>整碎</td><td>匀整</td><td>匀整</td><td>较匀整</td><td>尚匀整</td></tr>
<tr><td>净度</td><td>洁净</td><td>较洁净</td><td>较洁净</td><td>尚洁净</td></tr>
<tr><td rowspan="4">内质</td><td>香气</td><td>浓郁鲜锐、特征明显</td><td>清香特征显</td><td>尚清纯、特征尚显</td><td>特征稍显</td></tr>
<tr><td>滋味</td><td>浓爽鲜锐、品种特征显露、岩韵明显</td><td>醇厚、品种特征显、岩韵明</td><td>较醇厚、品种特征尚显、岩韵尚明</td><td>浓厚、具品种特征</td></tr>
<tr><td>汤色</td><td>金黄清澈</td><td>金黄</td><td>橙黄稍深</td><td>橙黄泛红</td></tr>
<tr><td>叶底</td><td>肥嫩软亮、红边鲜艳</td><td>肥厚软亮、红边明显</td><td>软亮、红边尚显</td><td>软亮、红边欠匀</td></tr>
</table>

4. 名丛

项目		要求
外形	条索	紧结、壮实
	色泽	较带宝色或油润
	整碎	匀整
内质	香气	较锐、浓长或幽、清远
	滋味	岩韵明显、醇厚、回甘快、杯底有余香
	汤色	清澈艳丽、呈深橙黄色
	叶底	软亮匀齐、红边或带朱砂色

5. 奇种

项目		级别			
		特级	一级	二级	三级
外形	条索	紧结重实	结实	壮尚实	尚壮实
	色泽	翠润	油润	稍油润	尚润
	整碎	匀整	匀整	较匀整	尚匀整
	净度	洁净	洁净	较洁净	尚洁净
内质	香气	清高	清纯	尚浓	平正
	滋味	清醇甘爽、岩韵显	尚醇厚、岩韵明	尚醇正	欠醇
	汤色	金黄清澈	较金黄清澈	金黄稍深	橙黄稍深
	叶底	软亮匀齐、红边鲜艳	软亮较匀齐、红边明显	较软亮匀整	欠匀稍亮

二、常见审评误区与盲点

（一）审评误区解析

1.假水蜜桃香

其实是发酵过头，在有火的状态下，表现出水蜜桃香。

这是很常见的一个现象，在审评过程中，发酵过头产生的果香会发腻，而且会伴有较尖锐的酸，茶汤浓度不足，滋味粗涩。而真正的水蜜桃香应该是有鲜水蜜桃的清香，还有鲜爽度。

2.假浓度的茶

做青不透的茶，茶汤青涩青麻。

在审评过程中，一点一点地给学员解析如何与高浓度的茶区分。青涩青麻的茶，在审评第二汤或是第三汤就开始出茶碱味，没有香气和甜度，若是稀释之后，茶汤只剩下青涩了，留在口腔之中非常难受。我们常常把青涩青麻的茶误以为是厚、有滋味，其实不然。青涩青麻的茶往往会让我们觉得嘴巴张不开，是紧紧黏在舌头上的；耐泡度差，泡几冲就没有味道了。

若是高浓度的茶，在审评的时候也可能会有"青涩"的感觉，其实这是高浓度的表现，但稀释之后，茶汤清甜，有花香。真正有厚度的茶，其内含物质丰富但浸出速度缓慢，这也是高端茶前几泡没什么味道，但却耐冲泡的原因，而且口齿留香，口腔都是淡淡的花香，茶汤虽淡，你却感受不到什么水味，有甜度，有香气，茶

评审现场

汤顺滑、丰盈之感，像是有满满的胶原蛋白，汤色呈现饱和度极高，并且透亮。

3.高端茶：淡非薄

高端岩茶的审评，大家觉得淡薄，其实不然。香幽水细为上品，香落于水，且茶汤细腻细滑。当然，眼见为实。在高端岩茶的审评中我们直接开了四汤，仍然有香气或是甜度，这才是"淡非薄"的好茶。

很多东西是共通的。喝红酒的朋友，味觉灵敏度很高，而且与茶叶有共性，所以上手很快；喝普洱的朋友对滋味感更有体会，更能品鉴出茶汤的细滑顺甜度。岩茶的工艺结合了绿茶和红茶的工艺，讲究重水求香，所以很容易与其他茶类联系在一起，融会贯通。

4.山场文化

像是评姐之前听说的山场论，差点就被忽悠进去了。

第一步，先渲染：我这山场当初是怎么来的，别人把"好地方"选走，留下山坳坳的地方自己深耕，结果没想到，这里的茶叶品质更好。

第二步，怎么管理茶园，既坚持传统的方式管理，也愿意尝试用新的科学的方式管理，为了得到更好的品质。

第三步，拿出获奖的奖杯，含蓄一点的，先渲染：我家奖杯多的是，不想拿出来而已。然后翻找一下，递到你的手上。

最后一步，说茶：在这样的光环下，我的茶有多么好，然后再稍带一点获奖样以外的茶叶。

细细想来，很多东西都经不起推敲。关于土壤管理，这样专业的事应该是专业的人做的。作为茶园拥有者应该是根据农耕原理，再加上当地农业局下达的指令管理，若是真的扯上土壤改良，应该还得交由专业的人。获奖茶，首先要弄清获得什么奖，含金量如何，评委是谁？武夷山大大小小那么多的比赛，我们最应该信的还是口中的一杯茶。

我们走过的山路或是山场并不能说明什么，我们可以去感受它的山场气息，但文化故事听听就好，毕竟制茶人谁不能说几句文化？不会说文化的制茶人，就说自己不善言辞，只会勤恳做茶。他们讲半天也不说这茶如何、好在哪里。归根结底，我们还是得学会自己看茶。你或许会问：标准呢？撇开喜好，最标准的应该是国家标准。若是学习，应该是找更为实际的培训机构。

（二）知识盲点解析

1.杂味、火味、茶味不分

有的茶杂味在盖香、水中滋味、叶底香中均有体现，那应是在毛茶初制阶段就产生的。这种杂味焙火也不好去掉，转化后会被误认为茶味。若杂味泡到后期不明显，可能是存储过程中产生的，感官表现为，香气和水中带有潮味。

有的老茶，一股仓库的潮杂味在口腔乃至鼻腔里扩散着，汤色也是浑浊的，那喝着真是想死的心都有了。陈茶本应喝它岁月的温润、柔和，感受陈香的安宁。

喝火半退未退的茶、走柔顺风的茶，火味纯纯地表现为火味；而煞口路线的茶，火香则与茶滋味相得益彰。重口味的茶客会误将第二种风格的火香当茶香。火香的感官表现为，嗅觉上感觉冲冲的，滋味上带有火涩感。退火后茶叶的水会更顺，而香气则跟山场呈正相关。

2.涩味傻傻分不清

喝茶遇到涩味难免，有人喜欢有人忧。涩味分为几种：走水不干净、返青涩、火涩、生涩。

走水不干净：茶叶采摘过嫩或老嫩不匀、雨水或露水青、施肥不当等都会影响走水情况。走水持续在整个茶叶加工过程，常见词汇"做透""炒透""焙透"都与走水相关。没"做透"的茶苦涩味较重，如若苦得太厉害，即使焙高火，泡到后面，香气中的粗青气、水中的苦味还是会出现；没"炒透"的茶叶，叶底会带绿色，或有栗香；没"焙透"的茶，香气会带有青味，尾水会带轻微的涩感，且不耐存放。相反，若是做透、焙透的茶，即使是轻火茶，正常情况下放半年也是没问题的。

返青涩：返青就是放坏了，沸水冲下就是一股青味，茶汤中的涩味好比吃生柿子。

火涩：焙完火后产生的涩味，带有麻感，火退后，火涩味自然消失。

生涩：做青过程中发酵不到位产生的，茶香中带有生青味。

老话说，香不过茶片，甜不过茶梗。谁家茶梗泡出来是苦的？茶叶若本味做出来，无论山场，盖香都带甜香，尾水都是甜得不带一丝涩感。有的茶涩起来很好喝呀？对呀，有的肉桂很凶，苦涩且一下子就化开了。这个时候你就要分清楚是茶叶采得嫩造成的"假凶"，还是真的底子厚带来的"凶"，此时的苦涩叫"微苦涩"，可以忽略不计。

三红七绿

3. 各种掩盖工艺缺陷

（1）香不落水，茶汤带有青涩青麻

第一汤大家都很喜欢，觉得好香，非常直接，后面茶汤的青涩误以为是厚度。评姐便继续开第二汤，茶香还在，但茶汤茶碱味已经非常明显了；等到了第三汤，茶汤香气和滋味都没了。是的，这样的茶做青不透，加上轻焙火，茶叶走清花香的路线，极具误导性。这样的茶，香不落水，由于做青不透，内含物转化不足，茶汤耐泡度不够。

（2）为保水，闷青或是发酵过度

茶友们指着这杯茶，直接说这茶浓厚得不得了。评姐一脸懵，由于在制作过程造成了闷青的状态，茶叶走水不透，加上发酵过度，这茶十分酸涩，怎么会浓厚？评姐先将茶汤稀释，让大家喝，发现这茶非常薄，而且不够细甜。紧接着出审评的第三汤，大家发现已经没有什么可喝的了。这样的茶若是多喝，对胃会造成负担，整个胃翻江倒海的，你不会觉得饿，全憋在肚子里了。

（3）文火慢炖

这样的茶，一坑一个准。一个喝普洱的茶友说："我觉得这茶好，十款茶喝下来，这个印象最深。"这茶汤柔柔的，带点桂皮味，但审评出第二汤的时候，茶汤下滑得很厉害，直接就没味了。这样的茶采用低温慢焙的工艺，将茶汤炖得柔柔的，内含物质尽量集中在前几泡，到后面便断崖式下滑，因为后面已经没有内含物质了。这种茶若是只喝前几泡，极易被骗。但岩茶三汤不说话，到后面滋味应该更好，这不是与之相悖吗？

4.市场常见几种忽悠说词

（1）摇太青的青味加急火混合，竟有了几分神似"牛肉"的薄荷味。实际上，这种茶第四冲就出青涩味。

（2）过发酵的酸味加急火也常被人们说成是武夷酸。过发酵的酸，第四冲会有馊水味。武夷酸是茶叶加工所产生的没食子酸的自然转化，嘴里有望梅止渴般的生津感。

（3）野茶茶园基本是不管理的类型，所说的人参味是野性十足还是焙急火的异杂味？最重要的是，应该有让你能正常吞咽、不觉恶心的味。

（4）泡茶聊天忘了及时出汤，茶汤冷后出青涩味、酸麻感，那是工艺不到位不宜坐杯的茶。好茶第一冲火香包着花香，而冷后花香出来、火味退去，并且茶汤回甘。

三、毛茶审评学习心法

（一）看干茶

1. 干茶制率

（1）正常制率

例如水仙在五成左右、肉桂在六成左右、黄观音在六成左右。这样的茶，反映的是在采摘标准、制作工艺上没有明显的问题存在。

（2）制率偏高

一般而言，制率高的茶主要是因为采摘偏嫩，毛茶苦涩感较明显，需要通过后期的焙火慢慢调制。

（3）制率偏低

原因如下：①采摘过老。这种情况使得干茶身骨轻，滋味淡薄。

②做青过程中吹风太多及做青过度，茶叶脱水，都会导致制率偏低。这种情况使得干茶身骨偏轻，滋味较淡薄，不耐泡。

③炒青的时候没炒熟。叶片柔软度不够，在揉捻过程中容易碎，因此造成制率不高。这种情况使得干茶的整碎度偏低，冲泡过程中稍不注意就容易泡出苦涩感。

④揉捻的时候没揉紧，塑形不成功，所以制率低。这种情况使得干茶条索过于粗松，滋味较淡薄，不耐泡。

2. 重量

抓一把茶叶，在手上感受它的重量。有一定重

毛茶审评前拣剔

量的茶，内质相对丰富。而感觉很轻的茶，则可能由以下几个原因造成：①采摘偏老。②工艺缺陷。③山场环境太差，如光照时间偏长，土壤不够肥沃。

当然，如果采摘的季节不同，也会有重量的差异。一般而言，春茶的身骨重，而夏秋茶轻。

3. 条索

条索的紧结程度、整碎程度都可以看出茶叶在揉捻环节中是否存在问题，揉捻过重的整碎度差，揉捻过轻的紧结程度又会差一些。

（二）看汤色

毛茶的汤色以淡黄色、橙黄色为正常颜色，忌讳橙红，否则就是发酵过重或者烘干时温度过高所致。做青时讲究发酵适度，这样的茶能保证新茶的鲜爽感，如发酵过重，虽多数会有果香，但容易使得香气沉闷。

清浊程度：工艺好的茶，茶汤都不应该出现浑浊的现象。

能导致浑浊的原因主要有：①揉捻过重。②采摘过嫩。不论是哪一个原因，都将导致茶汤滋味容易出现苦涩感。

审评现场

（三）闻香气

在香气上，优质的毛茶应当是品种香、地域香都十分清晰，并且挂杯香清晰持久。

总而言之，毛茶的香气忌讳沉闷，似有若无。这样的茶，在后期精制过后十有八九会出现苦涩感等问题。香气上也忌讳出现杂味、青味、酵味、酸味。这都是由于加工工艺流程出现问题才导致的。

另外，如果毛茶的香型属于清香的，则是"假香"，在后期焙火中需要注意焙火的温度、方式，否则容易散失。而熟香则更加稳定耐焙。

（四）尝滋味

要看茶汤的厚薄程度、苦涩感、回甘程度、落水香、有无杂异味，以及韵味。

滋味淡薄，主要原因是：①采摘偏老。②做青过程茶叶脱水。③揉捻偏轻。④山场不够好。⑤采摘季节。

苦涩感重，主要原因是：①采摘偏嫩。②品种特性。③揉捻过重。④走水不干净。⑤采摘季节。

回甘不明显，主要原因是：山场。

落水香不好及出现杂味，多数是因为：工艺存在缺陷。

一般而言，茶水的厚重感不够、落水香不足、滋味苦涩感重，可以通过后期精制去改进，但忌讳杂异味。因此，审评滋味的最低标准必须十分清晰。

（五）看叶底

1.看色泽

先看红边是否均匀。红边不均匀则反映青叶有受损现象、发酵缺陷及走水不干净等问题，这类茶或多或少会有苦涩感。

再看叶片色泽。走水干净、炒熟做透的茶叶片偏黄，倘若偏青绿色则走水不够干净或者没有炒熟，这类茶同样

毛茶审评叶底对比

死青叶

走水通透的叶脉

会出现苦涩感，并且带有青味。

2. 看柔软度

如果叶底偏硬，缺少柔软度和光泽度，则说明采摘偏老或者做青过程中吹风太多。工艺精良的茶，叶底一定是有弹性的、有光泽的、揉搓不会破碎。

柔软度差的茶，滋味偏淡薄，而且后期精制也没有多大的精进效果。

3. 看舒展性

好的毛茶舒展性一定要好，泡在水里会膨胀。舒展性差的茶要么采摘偏嫩，要么烘干时温度过高。总体来说，舒展性差的茶，耐泡度差一些，并且会有苦涩感或者香气不好。

4. 看完整性

叶底的整碎程度可以体现揉捻工序是否存在缺陷。一般而言，完整度差的茶，揉捻时力度过大。这类茶干茶外形就不好看，耐泡度上也会存在缺陷。倘若冲泡过程中不注意把握浸泡时间，也容易出苦涩味。

四、审评发现好茶经验谈

（一）找好茶经验谈

看到一朋友在朋友圈说："有本事就去产地，靠嘴巴找性价皆好的茶，好坏各安天命；没信心就找大品牌，最起码价格和品质在该公司的产品序列中还是对得上的，当然，你别嫌弃它贵。"

这真是喝茶人的心酸之事，或是血泪史啊。寻一杯好茶，升级打怪，历经九九八十一难，修得一身看茶好本领。

原产地鱼龙混杂。刚认为自己摸到一点门路，便直奔原产地，结果高手更多。若不是专业从事这一行的人，寻找一杯好茶何其不易，所以我们转向认准品牌。这个是做岩茶的第一品牌，那个是做白茶的第一品牌，这个品牌背书比较牛，是某某大师。我们追求品牌，觉得如果大品牌都没有好茶，那哪里还有好茶？

品牌对产品做价格区分，我们自己心中也有数，想要喝好一点的，价格那是蹭蹭蹭上窜，让人望而却步。鲜叶价格还算透明，成本我们也大概能算出来，真的喝那种动不动就几万元的，价格对得上吗？而且大品牌产量大，讲究稳定，这样的价格体系对应的产品序列又真的能信吗？

可谓是"前有虎后有狼"，对一个小茶人虎视眈眈。我们也在这里面纠结，去原产地识不到好茶，买品牌茶价格又太贵，所以怎么办呢？说到底还得有"看茶的好本事"，既可寻得一杯好茶，也不至于被当成冤大头。

各大品牌茶评茶

（二）审评泡推演正常泡品质表现

高端茶对比冲泡

大家都知道，评姐为了选出好茶，更多用的是审评的方式。审评一般出三汤，主要分闻香和尝滋味。一般须反复闻香3次，第一次嗅香，审评香气是否纯正，有无异杂气味，区别品种香、地域香、工艺香；第二次嗅香，审评香气的高低、粗细、强弱；第三次审评香气的长短和持久性。第一次和第二次评滋味时，主评滋味的明显特征，如品种特征是否明显；次评地域和季节等；第三次评滋味的持久性、耐泡性，并印证与前两次评价是否一致。

但审评和正常冲饮差别较大，那怎么把审评的结果运用到冲饮上？岩茶也算是耐泡的，有时候十几泡、二十泡也是有的。评姐根据审评经验，准备了几组茶叶正常冲泡，有发酵过头的、做青不透的、返青的和品质优良的茶叶做对比，我们一起看看结果吧！

1. 发酵过头

以往审评说：发酵过头的，会出现红茶的味道，严重一点的会有尖锐的酸。这样的茶放在正常冲泡的时候，第一汤味杂，让人误以为这茶浓厚，且伴随酸味，但茶汤不顺滑（有人会误解这是武夷酸，区分主要在于茶汤滑甜与否）。接下来几汤滋味慢慢减弱，在第六汤开始出现红茶的味道，第七到第十汤简直会让你误以为在喝红茶！

2. 做青不透

审评的时候，这样的茶会青涩青麻，耐泡度不够，在第二汤可能茶碱味就出来了，正常冲泡时三五泡就得换茶。正常冲泡时，第一汤有点青味混着植物本身的味道，甚至带点青花香，让我们觉得像是桂皮味，茶汤浓厚。其实这样的茶最为淡薄。果然，在第五汤便没有了香气，滋味也变得平淡。仍然坚持出到第十汤，此时与喝水无异，可能水比它好喝，毕竟水不会苦涩。

3. 返青

返青，茶叶杂质吐露。审评的时候，便是味杂，青涩青麻，喝完之后整个胃翻江倒海。正常冲泡的时候，这款茶果香还是很好的，但会依附着青味，茶汤浓烈，有点像过期产品，掺有杂质。

4. 品质优良

审评时一般是以工艺香为主导，像是顶级水仙出的兰花香，山场香为辅，支撑着茶香，香落于水，细腻，滋味浓厚，品种特征显。这款茶表现很平稳，一直到第十汤，茶水中有香有甜。第一汤不会特别抓人，香在水中，茶汤软滑，口齿留香，中间也不会有特别大的起伏。其实对于高端茶，这个状态很正常，因为在审评高端茶时，有时候会再加一轮，审评时出四汤，就是看茶叶的耐泡度。品质优良的茶十几汤甚至二十几汤还很香甜，绝不是说笑的事。

（三）横向与纵向对比方法总结

1. 同品种不同山场

岩茶注重工艺第一，但山场也是很重要的一点。在工艺都到位的情况下，山场能决定品质的天花板在哪里。

同一个品种在不同火功、不同山场的表现状态是不一样的，所以，这样的一个横向对比，就能让我们对单个品种有更加深刻的了解。就像我们审评肉桂，它在不同火功的表现下，有桂花香、桂皮味和水蜜桃味。而在不同山场，香气的表现状态也不一样，马头岩的香气高扬，牛栏坑的香气幽长。

2. 大红袍讲拼配

大红袍目前主要分为纯种大红袍和商品大红袍。纯种大红袍主要指的是奇丹，

居家斗茶

而商品大红袍则主要是拼配大红袍。

评姐这次主要审评的是拼配大红袍。大红袍的拼配最少会有四个品种，因为每个品种的比例不能超过30%。优秀的拼配大红袍不会出现这几个品种的单一香，而是会出现区别于这几个品种的另一种香。

3.陈茶主要喝什么

醇不过水仙。水仙喝水，也是适合用来陈放的一个品种。其实喝陈茶会更高阶一些，也是一些老茶客最爱的。陈茶存放若干年后，香气会慢慢减弱，出现陈香，但茶汤会更加顺滑与细甜。喝陈茶忌讳让别人猜品种，因为此时品种特征已经不明显了，这样岂不是让人尴尬？

岩茶刚入门或入门没多久的新手，不建议喝陈茶。当然，进阶的朋友们可以开始尝试喝陈茶，这样能更好地理解岩茶为什么重水。

五、陈茶审评十要素

岩茶的陈茶，应该还算是一个只被部分人挖掘的板块，很多朋友甚至都不知道岩茶也有陈茶一说。接触岩茶不深的朋友，听到陈茶的第一反应就是："啊，岩茶还有陈茶呀。以前只知道普洱和白茶可以存储，岩茶也可以吗？"

定义：根据最新出的团体标准，在存储环境优良的状态下，将4～20年的岩茶称为陈岩茶；20年以上称为老岩茶！

陈茶品质高低，主要由茶叶自身品质、储存保管条件、陈放时间等因素决定。产地、工艺、包装俱佳的成品武夷岩茶自然陈放十几年后，仍然具有明显的"岩骨花香"。

那么，应该如何认识武夷陈茶？陈茶的储存需要什么条件？而陈茶的冲泡又有哪些技巧呢？

陈茶审评

（一）陈茶的储存

老茶罐

产地、采制加工和精制炭焙三者符合标准的岩茶，具备长期储存的特性。茶叶的储存需要密封避光，其储存环境应具备阴凉、干燥、无异味的条件。如此自然存放的岩茶，则不需要进行再加工（复焙）。

我们说茶是团结的，一般是直接堆放在一起，而不用小包装分装存放。经济实惠型的，选择大铁桶就可以了。存放在常温、干燥、通风、阴凉、避光、无异味的环境条件下，并将容器排放在货架上，底部不要接触地面，四周不靠墙，利于通风透气，避免容器底部及外壁凝聚水汽。

（二）最佳饮用期

陈年岩茶最佳饮用期没有固定的时间点，十几年均可。在这期间其内含物质处于持续转化的过程中，每一个时刻，它的香气与滋味都有新的呈现。

（三）岩茶陈茶的品鉴

老茶品鉴会

在品鉴陈年岩茶时，可以通过滋味、香气这两个重要的因子综合判断陈茶的品质，而不能用存放的时间长短来衡量。至于具体应该选择哪一个时间点品鉴，则取决于消费者的个人喜好。这也正是武夷岩茶丰富性的一种体现，是其魅力所在。

陈茶讲究"陈醇润活"，陈指"陈香"，

陈茶在存放过程中，品种香逐渐转变散失，变为陈香；醇则是醇厚、甘甜！

（四）什么品种适合存放

岩茶也讲"陈茶"，有目的地将新茶储藏，使其陈放，甚至成为20年以上的陈年老茶。存储条件合理的话，基本所有的武夷岩茶都适合拿来陈放，主要是因为武夷岩茶独特的品质，以及传统的焙火工艺，经过时间沉淀的岩茶茶汤也更为醇和、浓厚。武夷岩茶本身"重味"，陈年岩茶的口感亦是如此。

建议选定山场好、有一定品质的岩茶，这类岩茶耐储藏，陈放之后口感更佳。陈放首推水仙。武夷岩茶有"醇不过水仙"之说，本身品种特征就表现为醇厚的水仙，经过时间的陈放、转化，滋味就更为饱满丰厚，口感也就更佳了。

（五）陈年岩茶茶汤为什么会微微泛酸

这就是我们常说的武夷酸。与过发酵岩茶产生的酸不同，武夷酸能够引起我们的生津之感。陈茶在陈放过程中，有机酸等酸味物质呈现阶段性的增减，使陈茶存在阶段性的酸味。

老茶茶汤

（六）武夷岩茶的"做旧"

即通过"高温焙＋吸潮＋反复焙"做旧，意思就是先将茶叶焙到中高火以上，再放到空气湿度较大的环境下令其迅速返潮，返潮吸水到一定程度再复焙。如此反复，加快茶叶"陈味"的转化。这种利用高火烘焙以达到茶叶陈化，充当"陈茶"在市面流转，误导消费者的现象也是频频而出。

（七）陈茶每年都要焙火一次吗

焙火过程，除了清除部分杂质，也会消耗茶叶的内含物。在焙火中有一个词，叫"焙空"。也就是说，焙火不当，会将茶叶的内含物消耗过多，导致茶汤滋味淡薄。而年年去焙陈茶，也会导致茶叶被"焙空"！

那么陈茶要喝的时候，是否需要焙火？

答案是需要焙一次的。指在即将售卖前过一道火，且等火退完之后才开始售卖。

在存储的过程中，岩茶会有吐青等过程，导致茶汤滋味会没有那么纯，加上茶叶多多少少也会吸收一点点水分，所以，在准备开售之前，要经过一次焙火的处理，把里面的杂质焙干净。焙完火的茶，同样的，不建议立即饮用，需要放一段时间。

（八）陈茶有什么功效

储存得当的陈年岩茶可以缓解肠胃不适，能改善、调和肠胃的菌落，还具有较强的降脂功能。岩茶经陈化后其分子结构更细微，而且易于进入人体的微循环，更容易被人体吸收。

陈茶解油腻怎么说？陈茶中的小分子物质更容易帮助我们解油腻，促进消化！

古人云："陈年岩茶贵似金。"陈茶中的内含物质稳定，冲泡后，物质浸出均衡，且多为小分子物质，渗透性好，更易被人体吸收；熟化、稳定的内含物质也具有促消化功能。陈茶的游离脂肪酸含量高，茶叶在陈放过程中，部分的脂质物质转化成游离脂肪酸（陈味），通过影响血清中的游离脂肪酸的含量来促进肠

审评前茶样准备

胃对摄入的脂肪的消化。陈茶茶汤中更多丰富的芳香物质、有机酸等，是挥发性的，在它们挥发过程起着吸热作用，是重要的清凉剂。

（九）陈茶的转化机理

陈茶的转化具体体现在色泽（干茶色泽、汤色、叶底）、香气及滋味的变化上。

武夷岩茶经过长期陈放，其内含物质发生一系列复杂的化学变化，直接表现在色、香、味的变化上。在陈放过程中，因茶叶产地、品种、工艺、容器、存放环境条件各异，陈茶的品质特征也各有差别。

同一种茶在存放过程中，不同阶段其内含物质含量都在发生不同变化，在某一阶段的香气、口感经历一定转化期后变得更加优越。经历长时间的陈放，陈茶的化学变化由活跃趋向稳定、缓慢，许多大分子化合物变成小分子而溶于水，更加耐泡。

那陈年岩茶内质发生了什么变化呢？

茶多酚进行非酶性自动氧化，因此茶多酚及儿茶素的含量发生转化，调和了茶汤的苦涩感及收敛性。

有机酸等酸味物质阶段性的增减，使陈茶存在阶段性的酸味。

可溶性糖类物质诸如果糖、葡萄糖，以及部分氨基酸诸如丙氨酸、丝氨酸的转化增加，使茶叶在陈化过程中甜味明显。

糖类中的水溶性果胶物质增多，使得茶汤的厚度与细滑度增高。

部分类脂物质转化，形成游离脂肪酸，产生陈韵。

（十）陈茶的色香味如何变化

1. 色泽转化

陈茶色泽转化，取决于温度、湿度、茶叶自身的含水量、空气中的含氧量及光照强度。

色泽呈现主要由叶绿素与多酚类氧化形成的色素决定。各类反应产生的水溶

书房品茶

性物质将决定汤色的呈现，而脂溶性物质则主要影响干茶与叶底的色泽呈现（叶底色泽应保持鲜活）。

2. 香气转化

陈茶香气转化，取决于光照、水分、温度、储存容器及周围环境的气味等。

芳香物质中的一些羟基化合物会与氨基酸进行缩合反应，香型的丰富度有所改变，但仍然具有岩茶特有的香气。

3. 滋味转化

构成茶汤滋味的物质大致分为苦味、鲜爽味、甜味及酸味物质。该过程包含了茶多酚、咖啡碱、氨基酸、糖类物质、有机酸、没食子酸、茶黄素等物质的转化。

各类呈味物质的不断转化和协同，使得茶汤滋味趋于醇和、厚重、细滑。

六、茶评：迎新肉桂专场

"斗茶味兮轻醍醐，斗茶香兮薄兰芷。"自宋代以来茶人视斗茶为一种高雅的品茗方式，而今天斗茶更是茶商、茶客对茶叶内质学习的最有效方式。1月3日，福州五里亭茶叶市场"迎新肉桂专场"活动现场茶香浓郁，洋溢着的更是茶商从内心深处对茶知识的渴望。茶叶点评网作为不卖茶只点评的第三方公正平台，为这次活动征集了上百个样品，其中不乏各类斗茶赛金奖，虽备有五套茶样，也还是满足不了人们对"溪边奇茗"的热情。看来大家对这样的评茶学习活动抱有极高的期望。大众评委们，来一起看看咱们的水准吧。本次得分最高的是112号，最受欢迎的是118号。

101号：略带熟板栗香，冷汤有香但香不纯。汤色蜜黄欠明亮，水薄味淡，叶底红边不显，叶色偏绿。做青、焙火均欠佳。

金交椅肉桂

102号：传统工艺中火茶，收敛性强，一股好闻的奶香从开汤到冷香都保持着，汤色橙黄偏红明亮，滋味细腻饱满，叶底完整、柔韧性好。做青十分到位，走水干净，灯光下透明叶脉清晰可见。

103号：酵味重，火味杂味明显，叶底细碎。做青时发酵过度，焙火急。武夷山茶人采用新工艺不摇青直接闷堆发酵，可提升茶汤甜度，但茶汤水粗老，还需进一步摸索。

刘官寨肉桂

104号：中轻火，茶香轻飘，冷汤茶味略酸、青涩味显，叶底老嫩不匀，摇青过重红边太多。

105号：桃树窠金奖肉桂。香气馥郁

妖娆，滋味略粗浅。如十七八岁少女本该活泼明朗，却要扮作妇人模样。喜欢这款茶的茶友平日要多练习，静心品茶才能感觉出水的细腻与粗浅变化。

106号：中轻火，盖香轻飘、冷汤有股臭青，汤色轻浅，茶味淡、入口偏麻涩，叶底青绿未转色、软塌塌的，摇青根本没摇起来。

九龙窠肉桂

慧苑肉桂

107号：中足火九龙窠金奖。香气清远幽长，盖香、水香、杯底香桂皮味显且持久，茶汤浓稠、明亮，滋味醇厚，收敛性、辛辣感强。七泡后尾水清甜，不失为一泡好岩茶。如果不用审评坐杯，这茶正常冲泡应是老茶客的最爱，茶味十足！

108号：盖香、水香持久，滋味略粗带涩味，叶底断碎、发酵不匀、红边杂乱。

109号：拼陈茶，味略杂，茶香不显。这是个制茶高手，因雨水青做不了香，就想通过焙火把香炖到水里去，所以水焙得很透，只可惜焙空了，三冲后水味明显。

110号：典型商品茶，无香无水、靠一股火燥味在支撑着，第二冲落差明显。

111号：竹窠金奖肉桂。盖香、水香、杯底香一致的好，栀子花香浓郁持久，滋味醇浓可口，叶底三红七绿。与生俱来的山场气息加上绝佳的制作工艺，让大众评委们爱不释手。

112号：竹窠肉桂。果香馥郁，齿颊留香，在50℃时一股好闻的奶香在唇齿间回味。汤色橙黄明亮，叶底开张、柔软性好；跟上泡的金奖相比，水不够细长。

113号：火很高，焙急火的燥味在口腔表面紧紧地贴着，化不开的感觉，汤色偏红暗，茶水粗糙，第三冲就有像炒菜青叶放太多渥堆出来的怪味，叶底混杂拼有小品种，虽有花香但入口麻涩。

114号：岩茶村金奖。传统工艺，中足火，一股奶香从一而终，汤水浓稠、明亮，滋味顺滑。他家的茶送评就是足火哦！坚持传统走正道！

115号：轻火，鲜草花香，汤色金黄明亮，叶底青绿。因山场一般，均好性不够持久。

116号：香气淡雅，汤色橙黄明亮，滋味柔和绵长。少了霸气，多了份淡雅，似肉桂中的皇后端庄不失威严。

117号：银奖肉桂。香气幽长，汤色橙黄明亮，滋味清甜。一款典型的轻火清香型获奖茶，这款茶最迷惑人了，收敛性不够，水不够醇厚且水里不留香。这种茶第二年不焙火就容易返青，焙火后香又全跑了。

118号：大坑口肉桂。人见人爱，开汤满室茶香，香气浓锐馥郁，融火功香、桂皮香于一体，汤色浓稠橙黄明亮，滋味醇厚细腻有嚼劲，不愧为岩骨花香。

119号：农业部金奖肉桂。很多人喝不懂这款茶，总觉得有股青味，像是中药山香籽的味道；汤色橙黄明亮，滋味醇厚柔顺，叶张大而柔软。半野生茶特有的气息配上独特的工艺（做青透、杀青足、细火慢炖），绝妙！

楼梯岩肉桂

绕雾峰肉桂

样品编号

120号：有茶友喝出了洲茶味，其实是闷堆臭青味，汤色红暗，滋味泛酸（过发酵）、内质不足，叶底欠匀整。

总结

中足火传统工艺茶：锐则浓长，清则幽远，岩骨花香，杯香盖香底香，齿颊留香，汤色浓稠橙黄明亮，叶底绿叶红镶边。真正用心做出来的岩茶，才是人间难得尝一回的极品。

跟风市场茶：101号、105号、106号、117号、120号，这类茶摇青不足，焙火也轻，虽有一股清香口感迎合铁观音、绿茶型茶客，但易返青，泡茶时需快出水，否则易苦涩。

不同肉桂对比

山寨岩茶：103 号、110 号，这类茶靠一股火味支撑着，更有甚者告诉客人这就是岩茶的岩韵。这种茶内质不足，做青马虎，靠急火高火逼出茶味，当然最终茶水也空空如也。或者是将各种品质不足的茶拼凑，如陈茶拼新茶，本想有香有水，却香中夹着青涩。他们对制茶技术的尝试是值得赞赏的，但还得踏实，茶才有佳品。

雨青茶：好茶的来之不易，为天时地利人和。今年采肉桂雨水天偏多，天公不作美，经验丰富的制茶师傅只是微微一笑挽起袖子继续做茶。几十载与茶相伴，怕是早已通晓茶意了。而新出来的小师傅呢，顺着茶意，还它本来面貌吧。

这场活动不仅让广大茶人尝到了"没遇到便错过"的肉桂，也让茶商、茶客对肉桂品质及加工工艺有了更直接、深刻、系统的了解，更重要的是让大家对市面上的肉桂体系形成了具体的认识，走出了误区。市面上的轻火茶即"跟风市场茶"，多表现为高香，香气高扬，适合由绿茶、花茶等茶类转向接触岩茶的茶友。而真正的岩茶则是传统中足火，做青时水要走净，绿叶红镶边要明显，焙茶时细火慢炖，焙透，水焙顺。此类茶多表现为花香和果香的复合，汤色橙黄或偏深，干茶叶脉突出，有突起的泡点，俗称"蛤蟆背"。俗话说，喝过岩茶之后其他茶类就难以入口，岩茶的老茶客多喜传统中足火茶，而对轻火茶嗤之以鼻。现今武夷岩茶逐渐被大众认可与喜爱，加之高铁的开通，越来越多的茶迷会亲自去山里寻茶。所以，传统中足火茶无与伦比的内质和悠久的历史文化积淀，必使其成为不久将来的市场主流。

七、斗了八百年才斗出这杯好茶

一场正岩茶的对决，天心村斗茶赛无论在业内还是茶友圈都备受瞩目。而今年斗茶赛对正岩产区和传统工艺的强调，更是岩茶市场风向标。那么，就来听听评姐的解读。

天心村气候温和，冬暖夏凉，雨量充沛，茶区常年云雾弥漫，日照短。著名的茶叶生长地"三坑两涧"在天心村地域内，村内的名胜古迹"母树大红袍"至今风采依旧。独特的地理、气候条件，造就了天心岩茶的独特内质。

天心村茶叶品种繁多、优良，加上特殊的传统工艺，使天心岩茶独具岩骨花香，胜似兰香而深沉持久，滋味浓醇清恬，为茶叶珍品。天心村 4 万多亩茶山，1 万多亩正岩茶园，年产精茶仅 50 多万斤。

参赛茶必须是天心村行政区域内的茶叶，且以中火以上茶叶为参赛对象，滋味（水香）的分数比重也有所增加，这在一定程度上说明岩茶市场对正岩茶和传统工艺的回归。轻火岩茶香气好，滋味则较差，水更薄，不耐泡。岩茶在所有茶类中是最耐人寻味和琢磨的，它那独有的幽兰馨香和层次感的滋味变化令茶者沉醉其中。做茶讲究天时地利人和，"天时"是制茶时的天气情况，"地利"是茶树种在哪里，"人和"是茶叶加工技术水平。

大众评委区

岩茶重味求香，水仙茶叶审评100分值中，外形8分、叶底6分、汤色6分、滋味45分、香气35分，有味有香的茶才称得上极品。评姐今天认真喝一天，看看都什么情况呢？

第一场：水仙参赛茶评审

今天评水仙，共12轮120款茶叶。

其中，焙火过急、拉锅、有杂异味的，有13款；

摇青不够透或采摘太嫩有苦涩味的，有5款；

雨水青水味、过发酵的酸味，有6款；

第二三冲香气滋味落差明显、青叶山场不理想的，有6款；

水粗老无韵味、苦尾、有麻涩感的，有7款。

那么，真正喝得较满意的，有老丛青苔味的，有3款；

有粽叶香并香能入水的，有7款；

兰花香底、水仙特征明显醇厚、叶底软亮鲜活的，有8款；

斗茶赛民间品茶师

有高丛气息、火味焦糖香、足火、工艺很赞的，有9款；

有明显正岩岩韵、水味醇厚、香气清幽细长的，仅5款。

剩下的为较平淡的茶。如此千挑百选，真是不易！

第二场：肉桂高调出场

第一轮就喝到"马肉"，能不说高调吗？

来，扒一扒今天喝的各种好茶：共10轮100款肉桂。

其中，摇青青叶太多造成积青、闷黄、摇青不透有青涩味的，有6款；

焙急火、火燥味异杂味、水粗老有苦尾的，有11款；

雨水青、有水味、焙太透滋味很空、前后落差大的，有13款；

火没焙透、滋味苦涩麻口的，有3款；

山场好有岩韵、收敛性强回甘好、足火有奶香、茶汤深褐色油亮的，有11款；

工艺完好、香气清幽细长、水清甜的，有 10 款。

评姐今天都喝出好几个山场特征，又怕喝错了，特地去请教刘国英老师。"山场是岩茶种植的生态环境，也是岩茶生长的小气候，对岩茶品质有重大影响，但消费者不要迷信山场。"武夷山茶业同业公会会长刘国英提醒，由于影响茶叶品质的因素很多，除了生态环境外，还有品种、栽培、加工制作等多方面因素，因此建议一般茶友应理性消费，不要过于迷信山场，更不要盲目跟风。

第三场：久负盛名的武夷大红袍

武夷大红袍的品质特征：干茶色泽绿褐鲜润，典型的叶片有绿叶红镶边之美感。大红袍品质最突出之处是香气馥郁有兰花香，香高而持久耐泡，岩韵明显。

那么，今天斗茶赛上的茶都有哪些表现？

共 10 轮 100 款茶：

摇青不够透有青味、闷堆有令人作呕的馊味、拼去年陈茶出酸味的，有 7 款；

斗茶赛现场

火味、杂异味、苦尾、麻口、采摘太老出茶碱的，有 13 款；

雨水青、水薄易出水味、落差较大的，有 18 款；

拼水仙兰花底棕叶香、水清甜的，有 6 款；

拼肉桂有花果香、收敛性强但水粗的，有 6 款；

拼奇丹、奇兰、黄玫瑰、105、梅占带梅子香等的香型茶的，有 7 款；

而真正惊艳了茶友的，有蜜香、幽兰香落水、拼配工艺完美、味鲜爽（如女生的优质香水般清幽）的，有 11 款；

足火、有丛味、有明显岩韵的，有 12 款；

剩下就是表现一般般的。

为此，评姐又去请教老师做功课。

大红袍之父陈德华：纯种大红袍确有桂花香。市面上的大红袍产品几乎都是拼配的，但要拼配的品种不被辨别出来才是用心制作的大红袍，那些很好的大红袍可以用十几样岩茶品种拼配，呈现出独有的岩骨花香。如果很容易被辨别出是用肉桂、水仙拼配的，那就称不上大红袍，不如直接介绍说是肉桂、水仙。

武夷岩茶制作技艺传承人刘国英：今年参加斗茶赛的大红袍茶叶风格偏向传统，整体品质不错。在审评中，肉桂、水仙特质典型，而大红袍属于中庸茶品代表，风格较难掌握，最突出的特征是"岩骨花香"。大红袍在岩茶中不能算品种，只能称作系列。

天心村，岩茶中正岩第一村，它的茶品就是市场风向标。

今年获奖茶的品质特征，水仙以丛味为佳，然而有丛味的多是老茶树，叶片更厚、蜡质更多，摇青难度更高；发酵程度也难以把握，一不小心就过发酵有酸味、叶底暗红。

肉桂花果香浓郁，也就是市场上最受欢迎的向阳面活泼奔放型，或是有着当地人做菜里加薄荷的味道，也有人说真正的牛栏坑就是这种山场气息；一些金奖肉桂里也喝到明显的桂皮味，收敛性强，茶客谓之霸气。

大红袍呢，有争议的是两泡带奇丹特征，盖香浓浊近似夜来香般令人作呕，关键是水变薄，第二三冲落差很大。而有的拼肉桂拼水仙的，总能让你喝出品种。为此评姐专程拜访了武夷山茶科所的老同志郑汝平老师，他告诉我们，纯种大红袍自20世纪80年代就已从6棵母树扦插繁育成功。只是目前市面上喝到的，多是不同茶品拼配而成的或是用奇丹代替。

本次状元茶品特征展示如下：

水仙状元26号：有丛味，水顺滑，香气深沉清幽，水甜度高纯，有兰花底棕叶香。

天心斗茶赛现场

肉桂状元 264 号：蜜桃香花果香浓郁，水香细长清幽持久。

大红袍状元 496 号：盖香有梅占的花香，韵味非常足、稳定并持久，汤水丛味显，拼配工艺极为完美，有香有水还内容饱满。

现场茶友常见盲点：

（1）丛味中的青苔味容易被人们识出，而更悠远的木质类丛味往往被误认为朽木味或杂异味。

（2）岩茶高火未退够时间，其中的火燥味却常被茶友们误以为是岩韵，并很认真地告诉评姐岩韵就是两个石头打火花的味道。而我们所理解的岩韵是茶树在烂石上生长，吸收地表矿物质后有着丰富的内质，喝起来口腔里回味久。

（3）收敛性强与焙急火造成的苦涩难以区分。苦味是一种难以下咽的感觉，而收敛性则是入口腔有涩味但在喉间即刻化开，并有口齿生津的感觉。

（4）水仙特质为水底有棕叶香，而有些茶友往往把加工不善而释出的茶碱当做棕叶香。

为此，评姐又来叨扰刘国英老师。在他家院子里什么也没说，喝一泡岩上的肉桂，没有辛锐的高香，也没有苦涩收敛的所谓霸气，茶汤是那么的顺滑，入口即化，水味是那么的甜纯醇厚；什么都不要说了，喝吧，自身体验才能找到最好的！我想这也是斗茶盛行的原因，与其说是斗，不如说是一种产茶区最直观的体验。交通如此便利，全国茶友追星般涌来，认真记录、仔细核对获奖名单，仿佛是一场味觉大考。

"正岩村人做正岩茶"，坚守传统工艺，以不变应万变，才守出这杯好茶。在市场流行清香型茶时也曾有人动摇过，产生偏青发酵、引进高香品种等想法，但本村人始终认定品种适制性，除了四大名丛及两大当家（水仙、肉桂）以外较少种植；在今年做茶遇雨天时，仍不计成本争取在好天气抢收；而对于市场对正岩好茶的狂热，天心村茶农更是做到求质不求量，正本清源。同时，今年茶品质、工艺都有很大提升，这都得益于老中青茶人间的传帮带和开阔交流。

我们期待天心村继续坚守，明年再斗，茶越斗越香！

第四章

品赏

一、深度解析岩茶之风味

好茶的美妙，来自大自然，我们从中感受到春夏秋冬，时光流转；感受到生机勃勃，生命绽放，身体和心灵因此而得到滋养。我们享受品茗的过程，其实是对生命的礼赞！

懂得享受，也是一种能力。"享受"这个词，《现代汉语词典》这样解释：指物质或精神上得到满足。而这种满足的得到，需要我们的器官去感受，我们的大脑去判断。

通常美食评论家有两种人，一种是作家型，注重文学性的描述；另一种是学者型，运用公理化模式阐述认知体系。其实，懂得鉴赏美食，它跟鉴赏音乐、绘画一样，是一种审美体验。黑格尔在《美学》中说："美是理念的感性显现。"意思就是审美活动，需要一套先入为主的概念以及理念来支撑。

山居有茶室

味觉感知味道，触觉感知质地，嗅觉感知气味，这三者的感知加起来，总称为"风味"。风味如何，就是鉴赏好茶的全部感觉的总和。今天给大家分享的内容，目的就是为了帮你提高感官的分辨率，完善对好茶的认知体系，让你花同样的钱，喝同样的茶品，但获得不同的享受。

（一）味觉系统

首先，茶叶的物质只有溶于水，才会产生味道；不溶于水的物质，就没有味道。其次，人类的舌头上分布着8000～10000个味蕾，可以感知到甜、酸、苦、咸、鲜五种味道。

顺便说一句，辣味，不是由舌头感知到的味觉，而是由口腔黏膜感知到的痛觉。你如果拿糖或盐擦拭皮肤，皮肤没有感觉。但你拿辣椒擦拭皮肤，皮肤会有烧灼感。涩味也是类似的，它是口腔的黏膜蛋白被凝固，刺激神经末梢引起的收敛感。辣和涩，都属于皮肤的触觉而不是舌苔的味觉。

人类漫长的进化史，味觉主要是用来帮助汲取营养和保护生命不受伤害，而并非用来欣赏美食。甜味、咸味、鲜味，这三种味道是好的，分别对应人体必需的糖类、电解质和蛋白质。酸味可能是未成熟或者已经腐败的食物，苦味可能是有毒的生物碱，所以都是坏的。小孩子的味蕾最敏感，他们不喜欢酸味和苦味。

研究表明，我们的胃、小肠和胰脏也能感受到食物的味道。吃到好东西，肠胃会感到很舒服。上海话有一个专用词"落胃"，落到胃里，感到很舒服，这是一种幸福美好的感受。同理，喝到好喝的茶，会感觉整个胃暖暖的。而那

猫嗅梅香

岩韵崖刻

些工艺不甚精良的茶，会让你感觉整个胃翻江倒海极不舒服。

（二）触觉系统

那些牛饮的人，囫囵吞枣的只为解渴，最容易忽略的，就是触觉系统。

嘴唇、牙齿、舌头、口腔、咽喉，人类的咀嚼系统，主要是为了帮助消化食物，但同时，这些器官有丰富的触觉，能够感受食物的质地。我们对食物质地的综合感受，就是口感。

祖国的语言文字，博大精深，有丰富的词汇来描述茶汤的质感。评姐整理出了以下六组反义词，恰好能从六个维度，解释我们的口感：

冰凉和滚烫：凉茶汤清冽，煮茶汤滚烫。

细腻和粗糙：名优茶细腻，劣质茶粗糙。

甜糯和醇爽：煮老茶甜糯，泡新茶醇爽。

寡涩和紧实：夏暑茶寡涩，初春茶紧实。

清淡和浓郁：新白茶清淡，发酵茶浓郁。

顺滑和浓稠：品茶汤顺滑，饮滋味浓稠。

你看，描写茶的口感有那么多丰富的词汇，学到了吧？以后不要喝什么都说"入口即化"。

（三）嗅觉系统

虽然东西是嘴巴在吃，但研究表明，我们对食物的总体感受，超过75%都来自嗅觉。我们形容食物总体感受的词汇就叫"风味"，可见气味的重要性。

我们的嗅觉系统，分成鼻前和鼻后两种感受。鼻前就是没有吃东西之前，直接用鼻子闻的味道。鼻后味很奇妙，一般人不知道。我们的咽喉上方有两个隐秘小孔，通向鼻腔，平时是关闭的，只有把食物吞咽下去的时候，才会打开。经过充分咀嚼的食物，在恒定的口腔温度下，释放出更充分浓郁的气味传到鼻腔，被嗅觉细胞感知到信号，瞬间传递到大脑。

所以，当这一口食物味道好，大脑迅速判断并给予鼓励，你就会自觉发出"嗯"的一声。这是大脑主动要求放大鼻孔，让更多好闻的味道传到鼻腔中，让大脑获得更多享受。

嗯……这是全世界各族人民共同的语言，是人类对造物主赐予生命的最高礼赞。

雨后下梅村

止止庵有白鸡冠

（四）结语

最后总结一下，我们把品茶的体验过程，提炼成以下8个步骤：眼睛看、鼻子闻、嘴唇亲、牙齿咬、舌头搅、喉咙咽、回味嗯、落胃安。这就是喝茶为什么总喜欢啜茶的缘故，让茶汤在口腔里充分翻滚，接触整个口腔，感知一杯茶的前调、中调、后调，以及闭上嘴巴让气息从鼻腔慢慢呼出，体会齿颊留香、口齿生津。

雪中煮茶

宴会上如何配茶？体会一下美食家总结的"相向而生"的原理：

武夷岩茶醇厚，配红烧肉。

凤凰单丛清香，配清蒸鱼。

碧螺春浓香，配小笼包。

太平猴魁丰富，配白切鸡。

老白茶甘甜，配麻婆豆腐。

冰普洱爽利，配广东的啫啫煲。

冰或热的红茶，配一切含有奶味的甜品。

好茶，请在餐前喝。喝什么茶？如果我是客人，每到一个地方，我就想喝当地的茶，喝当地的好茶，领略当地的风情；如果主人自己收藏有名贵好茶，那就再好不过了。

——引自海派美食家傅骏的理论思想

二、喝茶高手进阶详解

喝茶应该有各式各样的理由，或是因为健康属性，或是因为它的风味引人入胜等，喝茶的群体越来越庞大。喝茶人大致分为四类。

（1）对茶叶有刚需的人。茶叶已经变成生活的一部分，像是喝水一样，茶不一定要太贵，但一定要喝着顺口。因是刚需，消耗量会比较大，所以性价比最为重要。袋泡茶是首选，国外的品牌像是立顿，味太浓，胃着实受不了，便得开始重新寻茶。何不办公室放个飘逸杯，简易冲泡原叶茶？

（2）茶叶入门级。这个阶段的朋友最喜欢听文化类的，茶文化的确引人入胜，但光听文化是没有用的，最后还是得回到茶叶本身，所以一个正确的引导最为重要。一个好的导师，一个好的标准样是关键。

茶人的器世界

（3）茶叶进阶者。在各式的套路中最需要的便是拨乱反正，我们越往前走，受到的套路或是其他知识面上的疑惑就会更多，当我们越不坚定，就越容易怀疑自己。因此，建立一个正确的知识体系加上对标样就格外重要。这个阶段的朋友，建议多看一些制茶学类或是审评类的书籍，看看什么是茶叶应有的品质，若是加上实物标准样，就更上一层楼。

（4）茶叶发烧友。各式各样的茶都喝过了，何不换一种方式喝茶？国标的审评方式要不要试试呢？或许你会说这是专业人员干的事，自己正常喝喝就好了。不不不，你不试试怎么会知道不好玩呢？高浓度下的茶汤是怎样的表现呢？对应的正常冲泡，表现怎么又是另一种风味？就好比是高浓度的蜂蜜一样，喝着怎么

正岩茶山

会酸酸的，兑水之后怎么又是甜甜的！这之间又是怎么样的联系？这一个个的谜团，都等着你来解锁。

（一）入门攻略

先了解茶的特征、品质鉴定的流程和理论常识。刚开始喝茶要专一，选择喜欢的一种茶，这样才不至于在众多口感不一的茶品中迷失感觉。

成才标准：大概了解茶类，分辨同茶类不同品种，能正确区分品种花色的明显特征。

入门心得：新手入门，可以同品种、同火功、同年份两泡茶一起对比着喝，自然就能分辨出好坏优劣。

（二）进阶攻略

训练的方法无他，仔细喝、仔细闻，而且详加比较，在自己感受方面应当更加客观一些。

最好交一群喝茶懂茶的朋友，一起品茶交流，不仅能够弥补自身味觉上的缺憾，在相

静心泡茶

互交流中扩大喝茶的品种、层次等范围，熟能生巧，形成自己的一番体会和见解。

成才标准：了解大概的茶叶行情，辨别茶叶品质，分辨出不同季节、不同产地的茶品，能够较准确具体说出茶品的优缺点。

进阶心得：尽可能找机会接触制茶过程，从采摘、制作、加工等环节来判断好茶的标准，这样一来，对于表现不佳的茶也能评判出哪个环节出纰漏。

（三）高手攻略

每天训练嗅觉、味觉，还有短暂记忆力，对于所有喝过的好茶都能记忆于心，逐渐形成自己的一套好茶标准，每次喝茶，评价每款茶的缺点。

成才标准：每一款茶都有它背后的故事，例如它所生长的环境如何，包括土壤、海拔、湿温度等，它的制作过程如何，喝茶高手擅长从茶身上读到更多的故事。

进阶心得：用舌头感知茶汤的质感。通常不会喝茶的人，不知道学习喝茶要从什么地方入手，看到别人谈茶论道，总跟自己的感觉不一样，就放弃了对茶的体会和总结，不好意思跟别人交流。其实学习喝茶并不难，学到高深的程度才算难。

茶里面有几个特殊的味道，一般都可以察觉出来，那就是甘、苦、滑、涩。尤其是把两种茶叶比照着喝的时候，当中的细微差别就容易分辨了。甘甜和滑顺

文人茶室（林深 摄）

是所有好茶必须具备的条件之一，而苦和涩就是茶的缺陷了。

好茶是甘甜的、细腻的、持久的。当然还有许多其他的感受，让人喝起来感觉舒服。随着喝茶年限的增长，我们会对好茶的要求提高，而忽略一些当初看来是很不好接受的苦涩。茶汤咽下之前，茶的甘甜是从舌尖到舌根的过渡、蔓延；茶汤咽下之后，茶的甘甜是从咽喉往舌根部涌现，伴随着清凉感觉，口舌生津，一阵阵地涌现着甜的回味，把这个感觉称为甘是再恰当不过了。

好茶始终滑顺，茶汤自动流转于口腔，细细的、滑滑的，丰富的质感，每一分子都给你留下深刻的、无形的印象；同样会像甘甜一样，在口腔内镀上一层膜，有"釉面"的感觉。

（四）喝茶也要细嚼慢咽

口中对于香气最敏感的地方是上颌跟鼻腔的交接处，所以，评鉴比赛茶时，评审者都会在少量茶汤饮入口中时，稍微低头，从嘴唇的两侧吸入空气。此时茶汤混着空气在口鼻交界处翻搅，容易让嗅觉系统感受到茶汤的香气。我们喝茶时也可以这样做。

虽然这是很高等的品鉴方法，但是建议两点：刚开始时"刺激性"太大，恐怕要经过一年半载后，嗅觉才能适应；容易呛到，入口茶汤尽量少，吸入空气时先轻轻吸，习惯后再加重。

茶汤饮下，口中有翻搅的动作，例如吸气、吞口水的动作，可以闻到茶的香气，尤其是饮入浓茶时，茶香会渐渐由口腔翻搅而显现出来。

（五）喝茶需要标杆样

前几天有茶友过来找评姐看茶，顺便聊起了一些关于茶叶的标准。朋友说茶叶好像没有标准，市场上若是99%的人都喜欢这款茶，那这款茶就是好茶。那它真的就是好茶吗？作为消费者，我们应该怎么去辨别？有什么标准可以判断一款茶的好坏？

上山的台阶，像极学茶进阶之路

的确，消费者接受，说明这款茶是一款成功的茶，大众能够喜欢！但是至于是否为一款好茶，我们还是得按国标审评才能下定义！这需要专业的人员去审评筛选！

消费者怎么快速建立自己的认知呢？

那就是喝标杆样！建立好茶的口感认知！

虽然做不到专业审评的水平，但是喝茶的口感也是要靠培养的。这就像很多茶友，会跟着茶圈中比较权威的老师喝茶，建立起自己的认知。标杆茶也是一样，在日积月累之下，从口感上慢慢分辨茶叶的好坏！

知道了好茶的标准之后，日常中遇到与之相反或是有差异的茶，我们就可以作出一些自己的判断，或是对茶叶口感的补充！

最好、最快的方式，一定是和实物样对照着喝，才能帮我们更好地理解茶叶的不同品性！

茶哪有不好喝的呢？只有你喜不喜欢的！找不到自己喜欢的茶，是因为你缺乏好茶的认知标杆。于是你人云亦云，不相信自己的感官。

三、不同山场肉桂品鉴

（一）虎肉：泉石激荡的火花感，岩韵显

肉桂，不贵，却让人爱不释手。

关于虎啸岩，有些朋友可能陌生。虎啸岩与一线天景区紧紧相连，处于一线天景区东北侧。在虎啸岩上有个巨洞，每当山风掠过，该洞就会发出近似虎啸之声：声小之时，只能穿耳闪过；洪亮之时，却可声震群山，故名。

爬过几次虎啸岩，我眼中的虎啸岩是怎样的呢？

从景区门口进，到达虎啸岩大抵要走 20 多分钟。青石铺路，林荫蔽日，鲜有阳光。崖壁之间，苔藓覆盖，细碎流水浸润。正值 5 月，清风还会捎来几缕野花香。即将到达茶园，还会看到山间的溪流环绕，清澈见底，运气好，还能看到鱼。

茶园位于一个山凹处，侧边的崖壁有源源不断的细流，灌木间或接有蜘蛛网，说明没有打农药。茶园管理得很好，土壤踩上去细软疏松，朋友还笑称像是"踩屎感"。

茶山半阴半阳

茶人品鉴

火功：中轻火。

干茶：条索扭曲紧结，细嗅有桂皮香。

第一汤：水蜜桃香占主调，而后依次加入桂花香、桂皮香，层次丰富，是调香师伟大的杰作。啜茶之间，茶汤激荡，有泉水激石一般的火花感，滋味鲜爽，甘甜。

第二汤：忽地花香四起，桂皮味成为砥柱，快速成长为参天大树，撑起整个架构，清凉感乍现，齿颊生香。茶汤醇厚，细滑，有生津之感。

第三汤：花香、桂味依旧占据主调，尾调加入糯糯的奶香，好似肉桂也转了性，走上了温柔的路线。茶汤稠滑，略带收敛性，滋味鲜爽甘甜。

第四汤：桂皮味占主调，花香散落四周，主次分明，迅速占领整个味蕾，茶汤又重新"辣"了起来，能感受到老树的颗粒感，有煞口之感。

茶山美人

第五汤：桂皮辛辣，花香散落点点涟漪，水蜜桃味重现，倒是有些惊喜。茶汤顺滑，咕噜咕噜就落入喉中，清凉感在口中慢慢散开。

（二）龙肉：似狮子搏兔般的狠劲

今年的九龙窠肉桂，似乎更为优秀。

5月份去了武夷山，赶上做茶季。上九龙窠的时候，野花开得正香，有野栀子、野百合、金银花，以及那些叫不出名字的小野花，香气浸润着茶树。九龙窠上面是厂里比较早种植茶树的地方，肉桂基本都是30年以上的老树，白斑遍布，

红泥小火烧水煮茶

青苔爬满枝桠。

鲜叶采摘之后，运回厂里，是单独的晾青，利用斜阳晒青，师傅守在旁边，偶有翻动，等待最佳摇青时间。摇青依旧是用做青机，只不过是厂长亲自看着。在做青间转悠，便能看到厂长探头，嗅闻着香气，判断是否可以下青。如此，便能放下一大半的心了。

今年的"龙肉"，用的依旧是中火，香气和滋味表现很均衡，让人很爱。

茶人品鉴

干茶：条索紧结，乌褐油润，细嗅炭焙香、果香。

夜饮

第一汤：桂皮香在前但却不强，水蜜桃香为主，尾调混着炭焙甜香，暖暖的，恰似"夏日清风冬日日"。甜度感很高，直击喉咙深处，又像是从喉咙反哺一般，整个口腔都是甜的，余韵中带着些许奶香。滋味醇厚顺滑，有咀嚼之感。

第二汤：桂皮香很是辛辣，让人直呼："辣，太辣了！"加之老树颗粒质感，更上一层楼，尾调稍带水蜜桃的清甜，汹涌之态稍有缓和。清凉感初现，舌尖丝丝凉意，从齿缝之间外溢。滋味醇厚，鲜爽。

第三汤：桂皮辛辣，有狮子搏兔般的狠劲，水蜜桃香、奶香紧跟其后，是狮子开始享受美食的惬意。滋味醇和，鲜爽，茶汤有包裹之感，很是圆滑，吞咽之后，口腔留香持久，清凉感源源不断。

第四汤：桂皮香稍作缓和，水蜜桃香、奶香占据主调，香水一体，混着一起就落入了喉间。似蜂蜜般的清甜，茶汤顺滑，醇厚，一杯接着一杯，让人爱不释手。

第五汤：桂皮香贯穿前后，水蜜桃香穿插其间，中段尤为明显。整个调子温顺了不少，茶汤顺滑，滋味醇和，清凉感一直都在。最惊喜的还是它的留香度，口腔中一直都有，是花果的清香。

四、同款原料不同火功"牛肉"品鉴

关于岩茶的焙火，其实一直是个老大难的问题。市面上的说法层出不穷，让人难辨真假。前几天，一位朋友邀评姐去喝茶，拿出一泡肉桂，包装上写着"八道火肉桂"，主打"八道火慢焙工艺，焙出肉桂的工艺花果香"。看到这里，评姐都不敢再喝了。我们都知道，每经历一次焙火，茶叶中的内含物就会有所损耗，什么茶能经得起正儿八经的八道火？焙火被妖魔化了，似乎焙的次数越多，品质就越好。市场的反复洗礼，真真假假让人分辨不清。

"其实基本上是一次性焙透，一次成型。但因为市场上有不同的需求，所以部分茶品会轻轻焙一下，等到客人喝完之后，根据客户的需求，再焙第二道火甚至是第三道火。"

这可能是评姐听到的最确切的答案了。在守护传统的过程中，也要应对市场的变化。所以借着"牛肉"的两个版本，让大家更为直观地感受，同样的料子，不同火功，一次性焙到位，对品质到底有什么影响？！

牛栏坑

（一）轻火版"牛肉"：桂皮辛辣，侵占味蕾，是打了胜仗的骄兵

临近春节，评姐忍不住把好茶拿出来品饮分享，尤其是一年到头不舍得喝的茶，在年末喝上一口，奖励自己一番：今年的你，真的很努力，有进步，明年也要加油呀！

"牛肉"，就是评姐对自己的奖励！

茶人品鉴

干茶：条索紧结，灰褐油润，细嗅带花香。

第一汤：桂花香纤弱轻盈，像是引路者，拉着桂皮味向前走。因是老树，细沙般的颗粒感尤为明显，上颌略有收紧。再以炭焙甜香收尾，整个过程有条不紊，层次丰富。

滋味醇厚，茶汤细腻顺滑，甘草甜。

第二汤：桂皮味迅速压过桂花香占据整个口腔，像是打了胜仗的骄兵，在战场上挥舞着旗帜。以奶香结尾，有沙沙的粉质感。滋味醇厚，激荡之间如有岩石擦火花之味，舌尖略有收紧。茶汤顺滑，甘草甜。

第三汤：这一汤呈现出各种木调，有桂皮味，有老树斑驳的木质感，也有新枝抽芽的绿意感，倒有几分"枯木逢春"的意境。滋味鲜爽，茶汤顺滑细腻，口齿留香，缓慢生津。

第四汤：桂皮味辛辣，桂花香点缀，如梦如幻。喝到这里，

盆栽式茶园

有一种酣畅淋漓、肆意之感。香水一体，韵从喉来。滋味醇和，细腻。甘草甜，丝丝凉意，却不算多。

第五汤：桂皮味占据主调，桂花香做点缀，水蜜桃香探头，俏皮挑逗味蕾。这一汤的步调略显轻快，像是放学的小朋友，蹦跶回家。茶汤顺滑细腻，鲜爽、甘草甜。

（二）中火版"牛肉"：细腻的茶汤下，是各种香气的争奇斗艳

中火版的"牛肉"，有三个特点。

一是反差感，似平静湖面下的波涛汹涌。香水一体，并不张扬，但内里争奇斗艳，都铆足了劲，或桂皮味压过水蜜桃香，或水蜜桃香占据主位。

轻火茶汤

运青马队

二是细腻的汤感，似蚕丝一缕一缕编制而成的绸缎，细滑。

三是清凉感，似山中清泉，散发着冷意，似皎皎月光，清冷孤寂。

它适合静静品饮。

茶人品鉴

干茶：条索紧结，乌褐油润，细嗅花果香。

第一汤：桂皮的辛香直直拉着人往下坠，直至谷底深处；而后传来轻盈的桂花香，试图粉饰太平；茶汤稍冷，水蜜桃香初露端倪，挑逗着味蕾。茶汤醇厚，顺滑，宛若凝脂。最后以甘草甜收尾，清凉感涌现。

第二汤：水蜜桃香显，是水蜜桃在嘴里爆汁的感觉，瞬间侵占整个味蕾。桂皮味落在后面，辛辣十足，巍巍然大将之风。茶汤微酸，过喉转甜，余韵中带有奶香，滋味醇厚，略带收敛性，顺滑，清凉十足。

第三汤：入口桂花香，桂皮味，奶香，层出不穷，香幽水细。茶汤顺滑细腻，鲜爽，有清风拂山岗之感，口齿留香，清凉感十足，散发几分冷意。甘草清甜。

第四汤：桂皮辛辣，老树颗粒感沙沙拂过上颌，略有收紧；水蜜桃香发动甜蜜攻击，而后清凉感释放冷意，应接不暇，层次丰富，滋味醇厚，稠滑细腻，甘草甜。

第五汤：水蜜桃香为主，桂皮味落在尾端，余韵中带有奶香的粉质感，香水一体，口腔留香持久。茶汤有包裹感，似QQ糖，得用牙齿去咬才行。甘草甜，清凉感一直在线。

五、不同品种陈茶品鉴

（一）陈水仙：木质的支撑力和历史感

厂长是茶科所老一辈的焙茶师和制茶人，深谙审评与制茶之道。陈水仙走的是传统工艺——传统的发酵程度及焙火，在 2008 年审评的时候，茶叶的水很好，很醇厚，有内涵，就决定将这款茶留下来陈放。除了不定期抽样审评之外，皆是封存不动的。在准备品饮之前，过一道火，待火退完之后，现在到了最佳品饮期。

陈水仙干茶

源自水帘洞

构成陈茶的感官品质要素大概归纳为三项：茶叶的品质、陈化的年限、陈化的条件。这三者的统一，形成陈茶的独特品质。好的底子才敢拿去存放，否则味道越来越寡。

鲜叶采自水帘洞的老丛水仙。水帘洞位于三坑两涧西北部，毗邻慧苑坑，是武夷山最大的岩洞，素有"山中最胜"之称。此地石壁陡峭，洞前终年有清泉流淌，水汽多；土质以风化岩为主，沙石为辅，通透性能好；

陈水仙叶底

受岩石遮蔽，日照短，是一处气场恒定、有多个山涧水源流经的优质山场。

叶鸣高 1942～1944 年曾调查武夷茶树品种，记载水帘洞有 1905 年从水吉引种的水仙茶树，这就证实了水帘洞有百年老丛！

好的工艺决定茶叶品质，但好的鲜叶决定茶叶的天花板在何处！

办公简易泡茶

陈水仙茶汤

茶人品鉴

干茶：呈油润黑褐色，有陈香。

第一汤：以木质香为主，但不像丛林之中的古树，散放着生人勿近的气息，它的木头是做成了家具，经过时间的打磨，表面更加圆润，闻起来温润宽和。微微有回甘，带清凉感，茶汤顺滑细甜。

第二汤：也许是稍有坐杯，味道浓厚了一些，以甜药香为主。茶汤微微泛酸，是特属于陈茶的味道，并不尖锐，还能带起生津之感。清凉感一直都有，茶汤细甜顺滑。

第三汤：又回到了木香，没有太多的氛围感，就是上乘木料原本的味道。始终是淡淡的苔藓味，也有淡淡的奶味，覆盖在温润的木头上，令人觉得温暖又有安全感。茶汤细甜顺滑，咕噜咕噜地吞下。

第四汤：依旧是木香，很温暖。如早晨的阳光，星星点点散落在树上，让人忍不住伸个懒腰。茶汤质感如嫩豆腐，软且嫩，细细的甜，要一丝一丝甜到心坎才肯罢休。

第五汤：久违的药香回来了，夹杂着旧书页才有的气息，随手翻阅，安静而舒适。茶汤细软顺滑，带有清凉感，且有回甘。

（二）陈年肉桂：爆出一片干燥郁烈的芬芳

陈放的时间不算太长，六年左右，相比陈水仙，还像是个毛头小子，骨子里还有青春与热烈。朋友笑称，像是在过渡期，正在偷偷转化，却被我们抓个正着，以至于肉桂的辛辣尚存，水却很柔软，这是新茶比不得的。

源自大坑口

大坑口，位于传说中神秘的北纬30度。

从武夷山北入口进入景区，过桥后沿着崇阳溪往三姑度假区方向走，数公里后会出现一块石牌坊，这里是进入大红袍景区、通往天心永乐禅寺的路，便是"大坑口"的所在。

陈年肉桂

武夷岩茶的核心产区"三坑两涧"素有多种说法，而争议最大的莫过于"大坑口"和"倒水坑"两者。在岩茶成名的初期，大坑口就和慧苑坑、牛栏坑并称三大坑。1943年，林馥泉在《武夷茶叶之生产制造及运销》一书中明确记载：武夷重要之产茶地多在山坑岩壑之间，产茶最盛而品质较佳者有三坑，号武夷产茶三大坑，即慧苑坑、牛栏坑及大坑口是也。

大坑口三面环山，光照时间短，加上流水的浸养，丰富的植被，使这里所产的茶叶香气幽长，滋味醇厚。

茶人品鉴

干茶：呈现油润黑褐色，细嗅有木质香。

第一汤：木质香为主调，是烈阳晒过木头的味道，爆出一片干燥郁烈的芬芳。尾调稍带桂皮的辛辣，茶汤细甜顺滑，有薄荷的清凉感。

第二汤：桂皮味冒头，稍带梅子香。陈茶特有的武夷酸彰显得淋漓尽致，像是夏天里喝了一口冰镇酸梅汤，生津，清凉感源源不断！茶汤醇厚，细甜。

紫砂壶泡陈年岩茶味更醇（墨朴茶馆 供）

第三汤：桂皮味为主调，深嗅之下，还带有淡淡的果香。茶汤细嫩，吹弹可破，顺滑甘甜。

第四汤：木质香为主调，年轻的木头，像是松木。带清凉感，有一丝一丝的回甘，不会让人联想到白砂糖，像是比拟雪的晶莹质地。茶汤细软，顺滑。

第五汤：木香和桂皮香平分秋色。茶汤微微泛酸，引起舌尖点点生津。香落于水，有收敛感，迅速占领口腔，霸道不讲理。

六、白鸡冠：好茶一泡难求

白鸡冠，是五大名丛之一，但其产量却不多。老一辈的人会用它与盐巴混煮，用于感冒退热。

评姐一直想找寻一款白鸡冠来做标准样，迟迟不敢下手。因为市面上做得好的白鸡冠不多，或发酵过头，香气近妖；或焙火过重，烟气十足，都不足以体现出它应有的品质特征。能遇到这一款白鸡冠，真是不易。

白鸡冠，在武夷岩茶中是一个特殊的存在。

（一）道家之茶

白鸡冠传说是道教金丹派南宗创派人白玉蟾（武夷宫止止庵住持）发现并培育的茶种，采制后作为道士静坐入定、调气养生的茶饮，在修炼时常喝。武夷山，在道教中是三十六洞天的第十六升真元化洞天（道士修炼成仙的地方）。武夷名丛白鸡冠又与道家的白玉蟾颇有渊源，故称之为道茶。

晒青

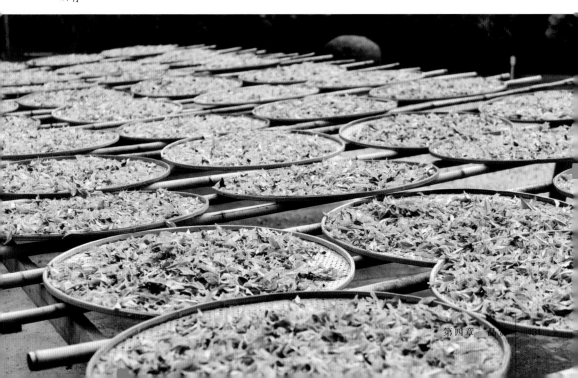

（二）黄化茶

走水焙白鸡冠干茶

白鸡冠叶底黄绿转色

白鸡冠汤色浅黄透亮

"叶色略呈淡绿，幼叶薄绵绵如稠，其色浅绿而微显黄色，白鸡冠由此得名。"

白鸡冠属于温敏和光敏复合型，黄化性状随温度变化而变化，是一个量变过程，在茶树生长适温范围内，温度越低叶色越接近白色（高海拔低温茶区），温度升高后，逐渐向黄白色、黄色、黄绿色改变，温度达到最高时逐渐接近绿色（夏季高温时期）。

（三）品质特征

其原产地在慧苑岩火焰峰下外鬼洞中，但近年在武夷宫文公祠后山也有发现。据调查，两处茶树性状相似。蝙蝠洞、白蛇洞齐名，其形态特征与外鬼洞有明显区别，茶农多有栽培，适栽武夷山茶区。

制岩茶，色泽米黄中带着乳白，汤色橙黄明亮，柑橘甜香，鲜爽度好。饮用此茶后齿颊留香，神清目明。

（四）茶人品鉴

火功：轻火型。

干茶：条索扭曲紧结，细嗅带柑橘甜香、苔藓香。

第一汤：稍带烤面包的甜香，以佛手柑香为主调，尾调像是把柑橘叶子揉碎，调和了点青感进去。茶汤鲜甜，像极了"笨母鸡汤"的味道。

第二汤：佛手柑香为主调，清凉感缓慢释放，像是口中含了雪一般，陡然不觉得，细细一品，竟冷得不像话。茶汤细腻，软滑，甘甜。

第三汤：依旧是佛手柑香为主调，加入了煮玉米须的甜糯香。香气都融入茶汤之中，含蓄得很，顺着茶汤就滑落喉中，口腔被打开，似空旷境地，幽香浮动。

第四汤：佛手柑香为主，周边散落着青苔的鲜香，甜玉米须的味道落在后面，余味中更加明显。滋味鲜爽，有回甘。

第五汤：佛手柑香略显调皮，前调稍弱，甜玉米须的香气加重，软糯软糯的，吞咽之后，佛手柑香涌现，与玉米须的香气撞个满怀。茶汤水路很细腻，完满诠释了什么是"淡非薄"。

 茶人评语

　　新茶上市赶紧尝鲜，这泡 2022 年的白鸡冠到手一共喝了五次，首先我能确定这是一泡工艺到位的岩茶。它确实从色、香、味、形上没有通常意义上的武夷岩茶的香韵，但是它非常特别，属于岩茶中的小清新范儿。白鸡冠的叶片是偏脆的，所以对做青师傅的要求很高，它的茶汤清晰度高，甘甜鲜爽，玉米须香，尤其是今天冲泡的时候非常明显，还有淡淡的果香，尾调则是淡淡的草木气息。它需要静下心来慢慢感受每一水的变化，细腻的水路犹如早上阳光下小草上面律动的小水珠，晶莹别透，如果你细细感受，还能找到它略带一丝力道的岩韵。

七、我喝过的好茶（一）

（一）钱多多：花生好事，好彩自然来

名丛金钱茶叶

钱多多，是评姐自取的名字，它原本是武夷山的一个名丛。它的香气类似花生浆香，也希望喝这个茶的人有一个好彩头，"好事发生，财源滚滚来"。

鲜叶采自九龙窠。九龙窠在武夷山核心的"三坑两涧"正岩区内，在通往天心岩的林径中，有一条深邃的峡谷隐匿于此，两侧是逶迤连绵的峭壁，九座岩峰，形如九条盘踞于此的游龙，九龙窠由此得名。

攀登九龙窠时，路不算难走，就是狭长了一些，仅允许一人通过，是泥石混合的，偶有大石铺路。山涧之间，茶树零散生长，峭壁之上，野百合灿烂绽放，山势平坦一些，能看到稍成规格的茶园。茶叶全靠人力搬运，采茶工挑着担上下山。

茶人品鉴

火功：中火。

干茶：干茶扭曲紧结，乌褐油润，细嗅带花香。

第一汤：花生浆香为主。是那种刚从田地里面挖出来的花生，细嫩的质感，慢慢咀嚼，花生的汁液流出，淡淡的浆香浸润整个口腔。茶汤稠滑，鲜甜。

第二汤：花生浆香为主，尾调带花粉细香。茶汤醇厚，顺滑，"咕噜"就吞

咽到喉中。稍带清凉感，在口中缓缓释放。

第三汤：花生浆香在前，花香、糯香紧跟其后，好生热闹！茶汤稠甜，是一入口就能感受的甜。滋味鲜爽，略带收敛性，层次感丰富。

第四汤：花生浆香在前半段，花粉香在后半段，谁也不越界，倒有点泾渭分明的意思了。茶汤稠甜，细腻。

第五汤：花生浆香、花粉香，口齿生香。茶汤细软，顺滑。

（二）金交椅老丛梅占

梅占原是从安溪引种到武夷山，因着武夷山独特的自然环境，三坑两涧的优渥土壤，并没有导致它步"橘生于淮北则为枳"的后路，更是凭借着优异的品质，在武夷山占据一席之地。用梅占制岩茶，有独特的蜡梅香。"蟬叶黏霜，蝇苞缀冻，生香远带风峭。"在寒风冷雪中，独自开放，暗香浮动。

而金交椅则以"小牛肉"著称，它与牛栏坑只有一壁之隔，气息相连，拥有着同样优越的自然环境与独特的小气候。故韵味上颇有些相近，皆是清幽深远。也因此，金交椅所产的肉桂有"小牛肉"之称。但金交椅不仅仅只有肉桂，其老丛梅占亦很优秀。老丛梅占的总体表现特征是丛味显，带蜡梅花香，越到后面花香渐弱，木质味凸显，风格自成一派。而且树龄越老，丛味越明显，汤水越细润。

红梅——想象一下梅占的蜡梅香

茶人品鉴

火功：轻火。

干茶：条索紧结，乌褐油润，细嗅带花香。

第一汤：蜡梅花香为主调，重度落水，吞咽后口腔中迅速充盈着脂粉香，清凉感从喉咙处返回来，引着人一同坠入深渊之中。茶汤鲜甜，生津感强，汤感圆润顺滑，细腻。

第二汤：蜡梅花香被紧紧包裹在茶汤之中，而后荡漾开来，或增一分奶香，或增一分树木的绿意，层次丰富。清凉感持续在线，茶汤稠化，似米汤的包裹感，滋味鲜爽甘甜。

第三汤：入口是浓郁的浆香，将蜡梅花香紧紧包裹，好似夹心的糖果一般，老树的木质感被边缘化得厉害，只有在尾调和余韵中才能捕捉到一点。清凉感涌现，仿佛说话间都带着几分凉意，茶汤稠滑，包裹似可咀嚼，滋味鲜爽甘甜。

第四汤：入口能明显感受到木质的坚硬感，是龟裂的树皮攀附在树干上的感觉，衬得蜡梅香越发的柔弱，可它丝丝的冷意，又提醒着我们，不可亵玩焉。口腔留香持久，这个时候试着和朋友聊聊天，你会发现花香好似源源不断从口腔涌出，生津不断。

第五汤：浓郁的奶香，掺杂几缕蜡梅花香，尾调是老树的木质感。吞咽之后，花香迅速在口腔蔓延开来，肆意的掠夺地盘，插上自己的旗帜，余韵悠长，茶汤细腻，滋味鲜爽，冰糖甜……

总体以蜡梅花香为主，浮动于茶汤之中，似雪中悠然绽放的蜡梅，冷冽之中，暗香自来。木质味勾勒几笔，似冬日里树叶早就脱落的老树，龟裂的树痕早已爬满枝干，带着几分寂静

品茗（林深 摄）

之意。后面几汤会出现软糯的糙米香，于清冷之中增添几分暖意。

汤感细腻顺滑，似丝绸一般，滑落喉间。滋味醇厚、鲜爽，有回甘。清凉感很好，丝丝凉意在口腔中浮动。舌尖缓慢生津，余韵悠长，是不可多得的好茶。十汤之后拿去煮饮，是浓浓的粽叶香，带冰糖甜。

（三）芳甸：一种糖果味的名丛

芳甸，源于"江流宛转绕芳甸，月照花林皆似霰"。

春景仿佛跃然眼前，江水婉转，绕着花草丛生的原野；月光洒在林间，像给叶子铺了一层银沙，熠熠生辉。这种美，不具有侵略性，而是淡雅的，自然地，能够给人带来温暖。

如同这款茶带给人的感觉一样，如沐春风，香气四溢，故名"芳甸"。

鲜叶采自水帘洞的老丛水仙。水帘洞毗邻慧苑坑，素有"山中最胜"之称。此地石壁陡峭，终年有清泉流淌，日照短，是一处优质山场。

百年银杏下品茶

茶人品鉴

火功：中火。

干茶：条索紧结扭曲，细嗅带甜香、青苔香。

第一汤：糖果甜香为主，稍带花粉香，香气馥郁，后劲悠长，清凉感四起。茶汤顺滑，醇厚，滋味鲜爽甘甜。

第二汤：糖果甜香为主，花香渐浓，有透天香之感，略带青感，平衡其中，不至于香艳过头。茶汤稠滑，软糯。

第三汤：糖果甜香、花香，增添一份竹叶的清凉感。茶汤鲜爽，甘冽，细细甜。

第四汤：糖果甜香，花粉香。微微酸感，增加滋味的层次感。茶汤鲜爽，顺滑，细甜。

第五汤：糖果香、木质香，花香落在尾调，似清风拂过一般。呼吸之间，清凉感炸裂，滋味细滑，冰糖甜。

八、我喝过的好茶（二）

（一）白牡丹：开在马头岩的清幽之花

这是一朵开在马头岩的白牡丹。

与马头岩热烈奔放的性情不同，它很细腻清幽。细在香气，幽幽的兰花香，要静下心来细品；细在汤感，像奶油的质感，绵密，细滑；细在滋味，似冰糖甜，舌尖丝丝清凉。

武夷白牡丹，与大红袍、水金龟、白鸡冠、铁罗汉、金钥匙、北斗、半天妖、武夷金桂、白瑞香共称为武夷十大名丛。原产于马头岩水洞口，兰谷岩也有齐名之树，已有百年栽培历史，主要分布在内山（岩山），有一定的栽培面积。

制乌龙茶，条索紧结，香气浓郁幽长似兰花香，滋味醇厚甘甜，岩韵显。

茶人品鉴

火功：中火。

干茶：条索紧结，乌褐油润，细嗅有甜花香。

第一汤：主调是幽幽的兰香，中调稍带几分绿意，是山涧溪流划过藤蔓的绿，冷不丁还有几分凉意，再以栗子甜香收尾，香气馥郁且有层次感。茶汤醇厚，稍带收敛性，回甘明显。

第二汤：兰香落水，茶汤稠滑有包裹之感。留香持久，口腔中一直有淡淡的兰香，呼吸之间，清凉感涌现。茶汤细软，清甜。

第三汤：这一汤的兰花最

马头雪景（阿海 摄）

坑涧菖蒲

完整，不仅有花，还连茎带叶。像是一头扎进了一捧新鲜兰花之中，既能闻到洁白的兰花香，也能感受到清幽的绿叶。汤感细腻，顺滑。生津回甘，清凉感涌现。

第四汤：兰香之中混着几分竹叶清香、几分糯香，像是在怀里捂过一般，带着暖意。茶汤细腻，软而有骨，冰糖甜。

第五汤：很纯粹的兰花香，盈盈一握的腰肢，细腻得很。你最好多说说话，体验什么叫"口吐兰花"。舌尖及其两侧，缓慢生津。滋味甘爽，鲜甜。

茶人评语

茶叶青苔

白牡丹的气息确实很难具体，在大红袍的基础上叠加少许白鸡冠，又加上特显的颗粒感和一点果仁调味。

入口先是鲜甜，但是浓度过高（近乎浓强），以至于转瞬即逝的微苦都强化了存在感，才意识到润滑冷锐。水香好像开在喉咙里的一朵孤兰，藤萝环护，伴一点点木调香气，整体实际上浓醇到浓强。虽然柔和细腻是本质，但香气滋味品种特异性的修饰，使得它气质上又跳脱出基本滋味的束缚，在清冷、幽锐、空灵的不同领域叠加激荡，给人留下的印象也就因此尤为深刻。

客观来说，有少许刺激感存在，而且

越往后泡，某些细节上的滋味变化确实与白鸡冠相近（两者不同，但是相似性也很明显）。

作为传统名丛，其特征性是很显著的。虽然不好形容，但是如果在较为明显的前三泡能够抓住那一点核心要素，理论上确实可以喝出来，但如果没有大量的对比实践，就很容易岔到纯种大红袍或者白鸡冠的迷惑选项上。

（二）铁罗汉：茶汤敦实如罗汉

铁罗汉作为五大名丛之一，其滋味口感一直为人津津乐道，诸如果香、药香等，其中最离谱的要数"铁锈味"。在《武夷岩茶名丛录》中写道："（铁罗汉）制乌龙茶，品质优，香气馥郁幽长，滋味醇厚甘鲜，岩韵显。""铁锈味"是万万不沾边的。

鲜叶产自幔陀峰。幔陀峰位于牛栏坑与慧苑坑之间，属武夷山正岩核心产区，自古就有"得幔陀峰者得天下"的说法。

山场环绕峰顶分布，层次错落，高低不齐。此处日照不长，温度适宜，终年有涓涓细泉滋润茶树，由枯叶、苔藓等植物腐烂形成的有机物，肥沃土地，为茶树生长提供物质基础。

茶人品鉴

火功：中足火。

干茶：条索紧结，乌褐油润，细嗅带花果香。

第一汤：前调是炭焙奶香，中后段是甜药香。吞咽之后，清凉感蓬勃而出，口中丝丝凉。茶汤醇厚，顺滑，有沙沙的粉质感。

第二汤：淡淡的药香、奶香、果香，层次感丰富，老树颗粒感十足，略带收敛性，些许煞口之感。茶汤浓厚，顺滑，鲜甜。

第三汤：果香在前略弱，奶香碾压式出现在中后段，席卷整个口腔，余韵悠长。茶汤顺滑，滋味醇厚甘爽。

第四汤：似分层一般，药香压低，果香在中段，奶香在最上层，界限分明。

大红袍驻守地

茶汤稠滑，有包裹之感，质感细腻，滋味甘爽，清凉感。

第五汤：果味占主调，木质香初露，余韵中淡淡的糙米香。汤感细腻，滋味甘甜。

（三）纯种大红袍：当忆桂花香

郁达夫在《故都的秋》里写过这么一句话：

"早晨起来，泡一碗浓茶，向院子一坐，你也能看得到很高很高的碧绿的天色，听得到青天下驯鸽的飞声……自然而然地也能够感觉到十分的秋意。"静品好茶，感悟四季流转。

茶人品鉴

火功：中轻火。

干茶：条索紧结，细嗅有花香。

第一汤：入口稍带一点奶香，桂花香落水，吞咽之后，口齿生香，清凉感炸裂。如同烟花一般，铆足了劲升空，随后绽放，随后绚丽。茶汤顺滑，甘甜，鲜爽。

第二汤：桂花香逐渐浓郁，似由远到近，走到桂花树前一般，浓浓一个秋。茶汤软弱有度，似丝绸一般，滑落喉间。滋味醇滑，甘甜。

第三汤：桂花香为主，增添一份兰花香，这些花香好似被包裹在茶汤中一般，如竹笋，等待一个破壳的机会。茶汤稠滑，冰糖甜。

第四汤：桂花香、兰花香为主调，尾调稍带竹叶的清香，倒是增添几分竹影横斜的诗意。清凉感一直都很好，牙齿缝都浸着几分冷意。

第五汤：桂花香渐弱，兰花香落水，细水长流一般，滑入喉中，滴落心间。茶汤稠滑，鲜爽，冰糖甜，冷汤尤为惊艳。

第五章

寻茶

一、深度解析岩茶之选购

　　面对琳琅满目、香型各异、滋味迥然的岩茶，如何选购到适合自己的茶叶，的确不是一件容易的事情。对于各种滋味风情，在不同的商家面前又有不同的解读。那我们一起来看看如何选购一款茶叶吧！

（一）好茶的标准

　　不同身份，对于好茶的定义不同。好茶是有共性的，喝起来身心愉悦，让你一下子记住，念念不忘还想喝。

　　从制茶人的角度出发，工艺远比山场好坏、品种优劣、采摘天气好坏等更为重要。对他们而言，工艺上没有问题的茶，都应该是"好茶"。制茶人对于经他手的任何茶青，都抱以同等的细心，唯一的初衷就是：如何把手中的这泡茶做到最好。

　　工艺才是检验制茶人匠心的精髓。在他们看来，好茶要满足的要求至少有：

慧苑茶地也舍得种菜

品种特征要显露；香气清楚，没有杂味；滋味上苦要化得开，不能有涩味，不能刮喉咙；叶底要透黄软亮。

对于商人而言，更考虑茶叶是否合大众需求。客户的喜欢度、性价比高、销量好、回头客多等，是他们评判"好茶"的重要标准。

对于喝茶人来说，可以要求工艺、山场，也可以要求品种或者后期精制等，但凡与茶叶体验性相关的要求，都可以是其评判好茶的重要标准。

（二）两个岩茶概念

1. "岩韵"与"岩骨"

"岩韵"只是形容武夷岩茶品质特征的一个专用术语，只能用"强弱"来区分。而影响"岩韵"强弱主要有山场、工艺、品种、栽培管理措施、采摘气候等因素，这是一个综合的系统工程。

"岩骨"主要指武夷岩茶的滋味特征，其滋味饱满、厚重，是茶叶内含物质丰富的表现，冲泡过程中浸出物丰富，茶水里面有"骨头"，茶汤汤质饱满，有咀嚼之感。一般滋味厚重的茶会略带苦涩，具回甘，茶气十足。

2. "淡非薄，浓非厚"

主要从茶叶滋味的"厚薄"与"浓淡"去理解。"厚薄"是茶叶内质的表现，是判断茶叶山场和滋味好坏的因素；"浓淡"则是与茶叶的冲泡方式有关，这是两种不同的概念。

"厚"与"薄"对应，"厚重"是茶叶内含物质丰富的表现，是茶叶山场越好的体现。在标准的制作工艺下，山场越好，滋味也就越"厚"，山场越差，滋味也就越"薄"。而好的茶叶（滋味

天心斗茶赛

厚重），是具备一定山场基础和好的制作工艺，其冲泡时间短，出水快，茶叶浸出物仍然足够丰富，品其茶汤，也能感觉到茶质饱满，茶气十足，且耐泡度极佳。

3. 从四个方面品鉴

从滋味的厚薄程度来判断。武夷岩茶是一个"重味求香"的茶叶，滋味一定要"醇厚"，既要"醇"又要"厚"。

从耐泡度来判断。武夷岩茶的耐泡度都比较好，按我们正常的冲泡一般可以冲到七八泡以上，好的茶叶还能冲更多泡。

从持久度来判断。不管是回甘也好、香气也好，正宗的岩茶，在口腔留的余味是很持久的，它的余味越持久，说明它的韵味越好。

从"首冲"来判断。也就是第一道水，是极具甘甜的，以及冲泡到最后，茶叶的"山场气息"自然而然显现。

（三）岩茶之味

1. 主要呈味物质及其特点

苦味：花青素、咖啡因、茶皂素。

苦涩味：茶多酚。

鲜味：游离氨基酸、茶黄素、儿茶素与咖啡因的络合物。

甜味：部分氨基酸、可溶性糖、茶红素。

酸味：草酸、抗坏血酸。

味厚感：可溶性果胶。

陈味感：游离脂肪酸。

2. 审评要点及其释义

要点		审评分析
浓与淡	浓	浸出的内含物丰富，汤中可溶性成分多，刺激性强或富有收敛性
	淡	内含物少，淡薄缺味

要点		审评分析
强与弱	强	茶汤吮入口中感到刺激性强或收敛性强
	弱	刺激性弱，吐出茶汤口中平淡
鲜与爽	鲜	似食新鲜水果
	爽	爽口，在尝味时可使香气从鼻中冲出，感到轻快爽适
醇与和	醇	茶味尚浓，回味爽，但刺激性不强
	和	茶味平淡正常

3. 滋味不纯正的情况及其释义

苦：苦味是茶汤滋味的特点。

涩：似食生柿，有麻嘴、厚唇、紧舌之感。

粗：粗老茶汤味在舌面、感觉粗糙。

异：属不正常滋味，如酸、馊、霉、焦味等。

4. 茶汤

绵柔、水细、水顺：茶汤汤质黏稠、饱满，似"米汤"。

原因：品种因素，不同品种带来的水感不同，例如水仙本身具有的"醇厚"，水感也更为绵柔、细腻；极致的加工工艺能促使茶叶香气精细并且落水，香水结合，使之水感饱满；采制的青叶老嫩程度适度，内含物质丰富，茶汤也更为丰厚、饱满；火功到位，焙足焙透，经时间的沉淀，火气散去，茶叶内含物质转化，一些胶溶物质产生，茶汤也就更为细腻、绵柔；冲泡用水、煮水用器的选择，一定程度上也影响了茶汤的细腻程度。

水粗：水感欠佳，入口不顺。

原因：茶叶苦涩；茶叶还有火气；青叶质量不佳，茶叶加工处理不当等。

足火茶汤透亮

（四）岩茶之香

武夷岩茶之所以能呈现如此丰富多彩的香型，多是茶树品种、山场小气候、制作工艺，以及多变的火功等因素赋予茶叶风格迥异的香型。

1.品种香

武夷岩茶的香与品种有关，不同的品种有不同的"品种香"。"品种香"是茶叶品种自身所具的芳香物质基础，例如水仙最突出的是芳樟醇，因此水仙多具有百合花或玉兰花香气。

2.地域香

武夷岩茶的香与山场有关，不同的山场有不同的"地域香"。"地域香"是茶叶生长环境所赋予的，与土壤条件和生态环境有关。例如高山茶有"高山韵"，岩茶有"岩韵"，山场越好的茶叶香气越幽雅，香型越高级。

3.工艺香

指在原有的香气物质之上经过一系列生产加工过程演变而出的，具有相对丰富、稳定和突出性特征的香气，例如制青过程中不同程度的发酵，炭焙过程中茶叶内含物质的转变、熟化，茶叶则呈现不同的"花香""花果香"或"果香""火香"等。

4.香气优劣判断

茶叶香气的优劣，主要从纯异、高低、长短及香型四个方面去评定。

纯异：以香气纯正清晰为好，香气杂异为差。

高低：以香气浓郁为好，浓则香气高，充沛有活力，刺激性强，水中有香，杯盖香显。

长短：以香气持久为好，持久与茶叶的耐泡度关联，表现在茶汤里、杯盖上、口腔中，香气的留存时间久，口齿留香。

香型：以香气的幽、雅为好，是为高级香的代表。

二、寻茶：好山好水出好茶

武夷山"岩岩有茶，非岩不茶"。丹山秀水，名崖石刻。三十六峰九十九岩，曲曲峰回转，山山水抱流，每一处都流露着大自然的鬼斧神工。每一个出生在武夷的人儿，都似携有灵性的天使，把山里的每一份感情都深深地扎根在岩土之中。作为外来者，追随着寻茶的信仰来到此地，弥生出对武夷山这一座城市的爱，爱这里的山山水水，更爱这里神秘的树叶——茶。大家无不感慨：在这样一个世外桃源，好山好水出好茶！

武夷山第一站：岚谷野茶探秘

武夷山北部岚谷乡位于闽赣交界处，海拔1500米上下，这里的原始林里，有着闽北最大的野生茶树群，分布在火石坑、黄龙崖、岭阳关一带。茶树于山坳里、灌木旁、竹林边，野生野长，荆棘杂草葳蕤其间。野茶树或集结成片，或三五成群，或单丛独立。

2009年，福建农林大学的一份调查报告显示，岚谷野茶品种有34种之多，树矮、枝干细的是无名菜茶；树高大、冠幅宽的是水仙；枝叶繁密、树冠半开的是大红袍，高者三四米，低则不足1米。野茶树的枝干及树根上黏附着褐斑青苔，拙朴而野趣十足。树龄少则百年，多则三四百年。大家会奇怪，为什么原始林里没有更高古的野茶树？据当地人介绍，此处野茶自古就有附近山民少量采摘售卖以补贴家用，野茶树年份过久就没有产量，只得伐倒了以利于附近较小树龄野茶树生长。即便这样，从年代推算起来，最小树龄的野茶树

桐木关的山水

坑涧山路

都是清代的了，也就是茶客津津乐道推崇的老丛。老丛由人工栽培而来的居多，50年以上树龄就够资格被称为老丛，这里都是自然生长的上百年野茶树，便愈加的珍稀了。

野茶是武夷山最原生态、最有机的茶种，享有"万茶之源"之美誉。因为长年自然生长在武夷山的高海拔地区，无法人工种植，采摘极为不便，故野茶的产量稀少。正是因为生长环境自然独特，野茶混合了多种不同的茶叶特征，给人一种很奇特的味道。

采岚谷野茶，以复杂的岩茶制作工艺加工的各类成茶，如奇种野茶，属于岩茶中的珍品。它兼具绿茶的清新宜人和传统型武夷岩茶特有的岩骨花香，更适合现代人的口味，更符合崇尚自然、追求健康饮食的新理念。

吴三地老丛茶树

武夷山第二站：吴三地老丛水仙

吴三地是洋庄乡浆溪村所管辖的一个自然村，地处武夷山市西北部，在武夷山自然保护区腹地（村庄所在地海拔约为1200米），自然环境非常优越，无污染，自成一个小气候环境。吴三地村有60多户人，80%姓吴，村里家家种茶制茶。

由于各种原因，吴三地原有百年以上的老丛水仙很多被毁，现只剩下2000多棵，每年只有5000多斤精茶的产量。吴三地的水仙茶树都是如同果树一般栽培，从不修剪。老丛水仙因为生长时间长，茶树枝干上都长满青苔，制成成品茶后，茶汤中就带有青苔味，入口极甘，且经久不衰。

吴三地因地处高海拔，所产之茶被称为高山岩茶。因其生长环境长年云雾缭绕，日照少，茶的品质极高，高山特征明显。但它比普通岩茶娇气，更易吸潮，极难保存。

武夷山第三站：岩茶核心产区天心村

天心村，村民世代以茶为业。随着武夷山旅游业的发展以及世界双遗产地的成功申报，天心村虽拥有景区2/3以上的山地面积，且有茶树生长得天独厚的自然环境，但茶园面积却不能扩大丝毫，只能在增加茶叶单产、提高茶叶品质和附加值上做文章。

"牛栏坑"以其独一无二的山场、气候，成就其为"三坑两涧"的核心产区之一。牛栏坑更以肉桂出名，茶人们都以"牛肉"作为独特称呼，所有的"牛肉"都以传统古法炭焙工艺制作，以"霸道高香"俘虏了众多老茶客，为肉桂中的上乘之品。

慧苑坑老丛水仙，花果香浓锐悠长，入口醇厚鲜香，满口生津。此茶外美内秀，让人闻香而喜，尝味沁心，醇香持久，饮后口中甘香不绝，味道始终柔和。如此好茶，期待与爱茶的您共品。

天心永乐禅寺（阿海摄）

天车架

　　寻茶，是一段旅程。从对茶的期盼，到抵达心中好茶的所在。在路上，寻找传统，回归自然。在武夷山，古老的茶树依然存活着，那是让现代人陌生、舒缓而温暖的时光！可是茶味、茶香，拜访过的茶农对于茶的热爱和倾注的感情，又是鲜活而跳跃的生命之光。每到一处，寻觅着茶的踪影，探索着爱茶入迷的茶友内心，无不让我感动不已。

三、寻茶：青年茶人有担当

第一位：19岁学茶的青春不要停

刚回武夷山的那天下午，我们去了认识的茶厂。他们还未开始做茶，师傅正静静地在屋子里看着电视，我们在一旁咋咋呼呼啃着上饶鸡腿。胖子说：茶厂真是安静啊。师傅笑着接了一句：做茶的人，心就是要静。

师傅19岁就到武夷山开山（挖山种茶），当时也没想过学做茶的，却被老师傅看中，开始了制茶师之路。学做茶的辛苦，师傅没说，倒是跟我们讲了观音指点茶农做岩茶的故事。故事不算精彩，我却很喜欢师傅将故事娓娓道来的样子，朴实无华却能够让人的心情跟着缓和下来。青春，是一场远行，既然开始出发了，就不要停下来。只要坚持往前走，终会走成属于你的亮丽风景。

傲雪（李铭佺 摄）

第二位：85 后制茶师

85 后制茶师——阿海师傅，刚刚在第十一届"闽茶杯"（秋季）鉴评活动中，获得肉桂茶类金奖、大红袍茶类特等奖、水仙茶类一等奖。武夷山下流传有"'三刘'人做一流茶"的说法，阿海，就是"三刘"后人之一。

"不会给自己要求每年要完成多少茶量，做多少，卖多少，不够卖也没了，不会从别人那采购回来再加工来卖。"阿海家里也是世代做茶，自家的茶园和茶厂，从培育、采摘、制作到加工一条龙生产。

第三位：80 后女制茶师将太极融入岩茶

超过 200℃高温的炒锅里，一双纤纤细手快速灵动地翻炒着茶叶的青叶，五六分钟后，迅速将茶叶取出，放在揉茶笠中揉捻……武夷山采茶制茶季，一位年轻的制茶师正忙着手工制茶。而她，就是国家级非物质文化遗产武夷岩茶（大红袍）制作技艺传承人叶启桐的女徒弟——季素英！

大王峰下有茶庄

生长在武夷山，季素英从小就开始接触茶。"我几乎是从懂事起，一只脚就踏入茶业界。"季素英说。刚开始的时候，从1斤半茶青开始摇，不时加茶青，加到后面，水筛上的茶青足有七八斤重。虽然手破皮了，却是不能停下来的，还是得忍痛继续。不消说，还有那温度在260到300℃之间的炒锅，一个小小的错误姿势，就会给手带来很大的伤害。刚开始做茶，

季素英指导开筛

因为方法掌握不当，她的手经常被烫出许多泡。

热爱武术的季素英，想起当年每天练习的太极。太极讲究柔中带刚，协调阴阳。她开始将对太极的理解融入制茶中。"将太极中的柔和性与协调性运用到手工制茶中，能使叶片的受损程度最小化，做出好茶的概率更高。"不仅在技法上运用太极手法，她还将太极对于生命的尊重融进茶里——"做茶，始终不能让茶的生命消失。"

第四位：目标简单的小青年

虽然我是个贸然闯进他们茶厂的外来者，师傅还是诚心实意地请我喝了茶，并且耐心地回答了我的问题。然后我才知道，师傅不仅是制茶师还是厂长，却很少投入精力去拓展自己的品牌，而是稳扎稳打地致力于做好高品质的传统岩茶。

无视外界沸沸扬扬的岩茶炒作，守住根本坚持初心，一定不是一件容易的事。师傅说："我的目标很简单，就是把茶做好。"师傅学茶到现在，已过去30多年了，从最初的依靠笔记本记录各个品种茶特征到如今的烂熟于心，其间付出了多少心血，也就只有自己知晓。茶汤入口，火香十足，传统岩茶的足火总是会折服各方茶客，滋味醇厚回甘，几泡下来茶味仍是不减，慢慢透出茶香来。我一直认为，传统岩茶就像睿智的老者，蕴含丰富的人生经历，怎么也读不完。

第五位：有信念的"时代青年"

人生处处有惊喜，这话说得有道理。

随机走进去的茶厂，都能遇到师傅这样有趣的人。师傅跟我们讲各路制茶师的来路和技艺、讲岩茶村的范围和各方小队、讲正岩产区的生长环境和地质，更主要的是跟我们讲茶。

一说到茶，师傅眉眼带笑、手舞足蹈，有着说不完的话。对于制茶，师傅有着自己理解的一套想法："我们不要固守着传统的手工制作，我们应该传承没错，但不要过于执著。"师傅相信时代是在进步的，现代机械制茶不比传统手工差，只要能掌握其中的关键，机器制出的茶可不比传统制茶效率高又好？光说不做当然不能信服于众，制茶师自然是用茶说话。

三款茶依次排开，分别是马头岩肉桂、马头岩水仙、纯种大红袍（奇丹）。汤色橙黄清澈明亮、色泽诱人，各自的品种特征尽显无遗：肉桂的桂皮香淡雅迷人，山场气显，香幽水细，真的是霸气侧漏；水仙的兰花清香自始至终不曾改变，花香入水，水滑而细腻；这款奇丹的脂粉香不算锐，显清长，更像木质香气。

仅仅三泡茶，我们喝了两个多小时，临走前茶汤依旧不显水味，各自的口感特征仍然可辨，对于"好茶留客"这句话我们算是有了深深的体验。

对爱茶人来说，喝到一款好茶便是幸福。而对于制茶师来说，与茶相伴一生，制出品质优异的好茶，得到喝茶之人的赞同，便是他们最开心的事情了吧。

戏水饮茶

四、寻茶：武夷研学哪家强

去武夷山学茶，有没有经历过这样的事情：

约上好朋友或是单独去武夷山学习岩茶，发现自己可能只是充当冤大头，被原产地的人宰了。

或是回去分享好茶的时候，却说不出个一二三，武夷山算是白去了，还浪费钱财物力？还被朋友"嘲笑"说：武夷山去干啥了？！

报个游学班吧！发现一个班几十人，老师顾不到自己，而且也像游山玩水，学不到什么东西。

总结你的原产地研学经历，有以下几个版本：

1.0版：原产地打卡

到哪个原产地的几个山场去拍拍照，打个卡发朋友圈。

2.0版：大厂学习

从山场到车间，以为自己学会工艺了。

3.0版：大师学习

非遗传承人合照、发朋友圈。

4.0版：游学班

参加了武夷山哪个什么游学班，是某个传承大师亲自来教我们。

5.0版：注重学习的实在性

游学完之后发现，好像回去后，在某一些茶类或者某一些产品的风格的某个阶段，还比不上民间喝茶的高手。评姐针对岩茶发烧友、经营者组织的五人小班研学，有了更多特色收获，让你学以致用，理论联系实际，学好茶卖好茶。

古井山路十八弯

（一）茶园管理与青叶质量

研学

你去茶园还只会拍照打卡？而他们已经学会看鲜叶的门道了！

同样重要的，就是茶园的管理！以下整理了学员问得最多的两个问题，我们一起来看看吧！

问题1：鲜叶的采摘标准是怎么样的？

不同的品种采摘标准有差异，就以小品种茶叶而言，中开面最为适合，切忌嫩采！否则成品茶滋味会略带苦涩！

问题2：为什么这个鲜叶会呈现黄绿色？

这个就有关鲜叶的质量问题了。叶片柔软有弹性，且叶片肥厚，有利于后续工艺的完成！而叶片呈现稍带黄色，是因为茶园是有机管理！如果是施加叶面肥，叶片绿而硬，在摇青过程中容易折断，茶叶走水不透，堵在叶脉中，茶汤青涩！

虽说武夷岩茶讲究工艺第一，但是鲜叶质量同样重要！鲜叶肥厚，软而有弹性，在做青过程中，叶脉的走水就会比较流畅，物质转化会更加充分！

（二）做青讲解

有些诧异的是，我们最关注的茶叶走水还阳、三红七绿，在实际生产中却不是那么重要了。厂长解释说："走水还阳其实在做青整个阶段都会有的，是一个缓慢的过程，但实际生产主要看的不是这个，而是以叶片的转色状态、发酵程度、香气变化等指标来判断茶叶是否做青到位。至于三红七绿，也不是一成不变的，生产过程也会考虑到市场的需求，二红八绿、一红九绿都会有。所以大家不能只看书、只信书，而是要根据实际的生产去控制。大家并非生产者，更应该关注的是一杯茶汤是否好喝，好茶应有的品质是什么，而不是缺乏自己的判断，别人说什么就是什么。"

是啊，作为消费者，最应该关注的是一杯茶叶的品质，以及判断的标准！

（三）培养毛茶审评能力

我们市面上喝到的，基本已经是成品茶了。那么，学习审评毛茶样有什么作用呢？

毛茶的作用宛如"一叶知秋"，能够看懂毛茶是喝茶的最高境界！

审评毛茶，一是反向指导工艺的改进，二是要对每个等级的毛茶进行归堆拼配，三是推测品质变化及焙火的需求。

生产端更需要审评毛茶。其实每个茶厂中都应该要有一个会审评的师傅，因为审评一是反向指导工艺，看有什么不足可以改进；二是要为焙火做准备，确认每款茶的焙火状态，是轻火留香，还是足火重水等，这是迈向成品茶的关键一步！

评姐分享一个快速判断岩茶品质的小方法！

审评毛茶就是看茶汤的颜色。以水仙为例，水仙的发酵度不能太高，若是一出汤的颜色红艳，则是过发酵的，大概率是可以直接排除的；而茶汤泛绿的，则大概率是做青不足的，茶汤会青涩青麻，也可以排除。不过还是以茶汤的实际为主，看汤色为辅！

（四）茶叶的终端品质与价格如何

原产地样品和价格是全国市场的一个缩影，作为消费者，不仅关注茶叶品质，也关注茶叶的价格。茶叶的价格不仅仅是与品质挂钩的，还有你们的知识体系，在认知没有对方高的情况下，别人开出高价我们也是不知道的！

所以，各位学员出去取样的目的也在于此！

等样品拿回来之后集中审评，我们的老师会讲解茶叶终端的品质及可能的风格！茶叶的卖点是什么？为什么会给你这个价格？你是否被宰了？等等！

（五）学员样审评

学员样审评

学员们市场调研取回的茶样，价格参差不齐，有三四百元的工作茶，也有天价茶！这些茶样按照品种分好类之后，按审评标准统一审评！

在口感上：学员中很多认为醇厚的茶叶，大多是青涩青麻的；一些认为香香柔柔的茶，不是发酵过头就是文火慢炖的茶叶！所以，你还认为自己拿到的茶就是好茶吗？！

在价格上：每斤上万元的茶叶还比不过1000多元的！很多商家的岩茶山场是极好的，但是工艺却欠些火候！做青不透或是闷青等，直接打破"价格高就是好茶"的想法！

市面上的茶叶各色各样，我们还需不断学习，提升自己看茶的能力，才能喝到一杯好茶！这里总结一下学员们常见的几种误区：

1.高浓度认为是青涩

以前是把青涩青麻的茶认为是高浓度，结果被错误认知误导得太厉害，真浓度反而分不清楚了！老师把开水加入茶汤中稀释，再给学员喝完之后，就觉得有香有水有甜了！而假浓度的茶，稀释后就是青涩青麻！

2.山场香误以为是茶叶本香

虽然说岩茶的山场香也是香气的一部分，但却不是品种的特征香，毕竟，山场香换个地方又是另外一种香气了！茶叶的本香，是在工艺到位的情况下表现出来的品种香！若是单一的山场香支撑，茶汤味薄，也算不上一泡好茶！

3.痴迷各类品种茶

学员带过来的小品种，总共有十几泡，问他们为什么喜欢，回答多是有特殊的香气，自己没见过。感觉像是猎奇，所有的茶叶都想试试。审评的结果就是：没有一泡好茶！

武夷山大大小小800多个品种，这么多的品种香谁记得住？谁又能喝完、喝到标杆样？所以只能听信卖茶人卖弄！

（六）茶叶冲泡演绎

虽然教学员们审评，却不一定马上就能学会，于是教大家用正常冲泡的方式怎么喝！

先是讲解茶叶在感官上的不同表现。舌头上对于酸甜苦辣的感受部位不同，对应茶叶的滋味也是不同的！像茶叶的甜，是我们一入口就能感受到的，而青涩青麻多对应在舌苔的中后部！

紧接着几泡茶对比着喝！福州这边喜欢踢馆，于是会延伸出对比冲泡的方式。其实经营者也可以如此，在自己纠结的时候，两泡茶叶对比着喝！

水质对岩茶的口感影响是很大的！其

冷泡茶

中主要是水中的不同离子对茶叶的影响，比如说，钠离子含量较多，喝起来可能会是咸的，而钙离子含量过多，喝起来可能会是苦的，但适量的钙离子又能增加茶叶的甜度。

所以，在选水的过程中，需要多多关注它的成分表哦！

五、寻茶：原产地的那些事

（一）喝百家茶，闻百家言

最近评姐一直在武夷山选茶，从这家喝到那家，真可谓是喝百家茶，听百家言呐。好像每家卖茶都有一个说辞，且还能圆得回去，到底谁是对的呢？评姐也挑了几个比较有代表性的说法，和大家分享！

1. 岩茶也有尴尬期

这个时间选茶，有些尴尬，新茶还没有出来，去年的茶也卖得差不多了，可谓是青黄不接，样品不多。喝了几家，不算太满意，一直都没有定下来。厂家也是为难地说："最近岩茶处于尴尬期，茶叶正处于吐青阶段，会有一些杂质吐露出来，品质不稳定，天气冷下来会好一些。"让评姐晚些时候再来。

其实不然，这是厂家的一个说辞而已。评姐喝完他家的茶，发现他家的隔年茶处于一个返青的状态，多是工艺有缺陷，才会导致茶品出现问题。

2. 焦火茶冒充传统足火茶

我想，焦火茶怕是对传统足火茶最大的误解了吧。当厂家冲出一泡深色茶汤的时候，会事先解释一声："这是传统型足火的茶，不知道你喝不喝得习惯。"每每听到这句话，仿佛事先预警一般，感觉像是把不好喝的原因都归在我喝不习惯，或是我不怎么喝传统岩茶。

但评姐这两天喝到这样的茶，不是焦火茶就是急火茶，焦苦味都那么明显了，真的很难

采茶难上山

欺骗我自己啊。

3. 手工茶：量少价更高

作为制茶人，每年会有一些手工茶，并不意外。手工茶是制茶师与茶叶之间的较量，也是对技艺的传承。

但我们作为消费者，真的能判断是否为手工茶或是半手工茶？甚至是全机械做茶？不少厂家忽悠一个是一个，告诉你说："这是手工做的，量不多。"当你以高价

高大的老丛茶树

走之后，继续忽悠下一位，源源不断的手工茶。

所以，我们不能过多地迷恋手工茶，而是学会判断一泡茶品质的好坏。

（二）价格倒挂，价格对应不上品质

在原产地找茶，很容易出现价格倒挂的事情，价格对应不上品质，虚报价格，或是溢价太高等问题。评姐在这次寻茶过程中，总结了一些经验和大家分享。

1. 山场与价格

山场与价格是密不可分的，好山场有个好价格，但评姐常说："不要让我喝山场，喝不出来。"所以评姐寻茶的原则是先工艺后山场。

一款茶首先要具备的是它应有的品种特征，好山场才能赋予它更多的价值。好比牛栏坑肉桂，做坏了还能叫"牛肉"吗？在看茶过程中，好不容易喝到一个品种特征明显、工艺还算不错的茶，一问价格吓一跳，价格高于品质太多。厂家解释说：这是某某山场的茶，是正岩产区，价格自然是贵的。

评姐能理解，山场好的茶，鲜叶成本就在那里，但就品质而言，是不值这样的价格的。而且我们也喝不出是某某山场，厂家就算是胡编一个正岩的称呼，我

们也是不知道的，白白花高价买了品质一般的茶。

2. 树龄与价格

茶树树龄，也会决定价格，尤其是水仙这个品种，新丛、高丛、老丛的价格相差甚远。但评姐发现，现在老丛的标准越来越低了，40年以上的都能叫老丛了。不仅如此，还有一些茶农把其他地方的老丛移植到慧苑之中，称为慧苑老丛。

我们消费者喝点好茶、喝点实惠茶，越来越不容易。

3. 厂家场地与价格

最典型的就是天心村的厂家与其他地方的厂家。在大部分人的印象中，天心村的茶就是正岩的，这也导致很多厂家就算租也要租在里面，所以天心村的茶更是真假难辨。高额的租金成本，只能附加在茶叶上，所以，价格也更贵。

（三）他家的茶能获奖，能差到哪里去

老丛采摘（春秋岩茶 摄）

去原产地寻茶，不得不说的就是获奖茶。走进不少的厂家，几乎墙壁上都挂着大大小小的奖牌，民间举办的、官方举办的，各式各样。这些奖牌，可唬住不少人，在买茶的过程中，先入为主，心里想："他家的茶能得奖，就算差也差不到哪里去。"

首先，我们要明确的是，厂家的茶品类与数量繁多，你能确保他给你喝的茶是获奖原样吗？单款获奖茶的量或许只占他总量的百分之几，而源源不断的客户奔着获奖茶来，能够满足吗？其实更多的是，假借获奖的名头，带动其他品类的销售。

挑茶工

所以，看到获奖茶，要保持平常心。

其次，要考量这个奖牌的权威性。举两个评姐在原产地看到的例子。第一个是"最美茶艺师"的奖牌，心里美滋滋，最美茶艺师为我泡茶。闲聊之后才发现，对方对这个证书的获得也是很意外，她们参加了一个活动，帮着泡茶，结束之后，这个证书就送到家里来了。第二个则是关于陈茶的奖。举办这个活动的是一个土豪，自己想要找点好陈茶，便有了这个比赛，送样获奖的茶，颁发一个奖状，而土豪自己把茶收走了。

这样的奖，能有多靠谱？所以，要多了解这个奖的来源与规模。

而且，评姐喝到这么多的获奖茶，有些还不如那些默默无闻、勤恳做茶的人家的茶。获奖茶在一定程度上代表了它或许会优于一部分茶品，为消费者节省了筛选的时间与精力，但却不代表它一定有多好，而且其中猫腻这么多，我们更应该关注的是茶品本身的好坏。

（四）看评姐如何选茶定品

选出一泡好茶的过程是痛苦的。

评姐来来回回武夷山半个月，到处看茶，从早到晚，像极了一个没有感情的看茶机器。不少朋友会羡慕说："评姐可以喝这么多茶。"评姐真是有苦难言啊，审评看茶，滋味浓厚，数量繁多而且品质参差不齐，严重一点，人都能喝出毛病。而且筛选出来的茶，还要经过正常冲泡演绎，换位思考消费者喝到的是怎样的感觉！

1. 审评筛茶

评姐看茶的开场白只有一句："我就不一泡一泡地喝了，你帮我备好样品，我直接审评看茶，就不耽误大家的时间了。"审评的主要目的是辨别茶叶品质的好坏，扯下正常冲泡的遮掩，完全暴露出其本质，工艺缺陷也会暴露出来，而好品质的茶也会脱颖而出。

2. 正常冲泡演绎

审评之后，能确定茶叶大致的口感风味及耐泡度等。但作为消费者，喝的时候是正常冲泡的，所以评姐在上新产品之前也会做测试。每一汤正常出汤的口感特征是如何的？客户喝的过程中可能会出现什么问题？出现的问题可能是什么原因导致的？这些都是评姐在正常冲泡过程中要考虑的。

一杯好茶，要经过层层筛选，才能到消费者手上。这是消费者对评姐茶品信任的基础，也是评姐的原则。

六、"牛肉"乱象照妖镜

（一）假"牛肉"喝多了，遇到真的反成假

喝好茶本来是一件极其愉悦的事情，没想到有的人假"牛肉"喝多了，遇到真"牛肉"反而觉得是假的了。这可真是秀才遇到兵，解释不清了呢。

牛栏坑肉桂产量少，而市面上流通的远远多于产量。物以稀为贵，人人都想喝，但又有几人能喝到真的呢？

有时候我们的学员过来学习，聊起了"牛肉"的事情，说她的朋友托她买牛栏坑肉桂。评姐也没有急着拿出"牛肉"，而是问："你的客户知道什么是牛栏坑肉桂吗？仅仅是牛栏坑所产的肉桂吗？它既然作为坑涧的茶，有什么样的特点呢？你的客户真的能理解牛栏坑山场所带给茶叶的影响吗？工艺不好的'牛肉'也是'牛肉'吗？你这次带回了真'牛肉'，客户能喝得懂吗？还是你就白白浪费了样品的钱？"毕竟评姐也是不送样品的。

这其实不仅仅是真假"牛肉"的问题，延伸开来，就是好茶和不好的茶的问题了。有的朋友平时抽烟、喝酒、熬夜等，导致需要重口的茶叶来刺激，而将青涩青麻的茶当做有味道，把香幽水细的好茶当做是没味道。遇到高浓度的茶反而被喝成是苦涩，但是满口的香甜怎么理解呢？苦涩的茶还能满口留香？

喝好茶，若能遇到三五知己绝对是人生幸事，每个人的认知都能到达一定的水准，又可以说出

茶树开花

对同一泡茶的见解，相互交流，相互成长。若是遇不到，对饮独酌，静静感受一泡茶汤的曼妙，岂不乐哉？！

（二）审评之下，比较品牌茶的优劣

牛栏坑肉桂毛茶

最近集合了一些品牌茶的"牛肉"，一起对比审评。还以为会是今年的"凶得很"风格，结果却出乎意料的平稳，有点高端茶的意思了。

各家都有"牛肉"，本是产自牛栏坑肉桂的简称，现在倒像是一个商品名，有点像是"金骏眉"的路子了，芽头做的红茶，都可以叫金骏眉。牛栏坑所产肉桂，因其量少，品质好，成了大家追捧的对象，又因其价格高，成为私房茶顶配。人人都在喝"牛肉"，却鲜有人喝到真"牛肉"。抛开肉桂特有的品种特征之外，牛栏坑肉桂还有其独特的甘草甜，这是其他地方肉桂所没有的特点，口感的独特可能才是其之所以为"牛肉"的原因吧！

品牌茶的特点，一个"稳"字。没有太惊艳，但也没有太大的毛病。从审评整体来看，第一汤都还不错，到第二汤就出现断崖式下滑，第三汤基本就是茶碱味，较为寡淡了。若是换算到正常冲泡过程，可能前5泡还很正常，到后面就开始没味了，就得换茶了。每斤上万元的茶，三五泡就换茶了，性价比着实不高。

其实，不管是标签上贴"牛肉"还是大牌的标识，归根结底还是要回归到茶叶本身。一个热爱美食的朋友分享说，其实高端茶和高级的食材是一个道理，越是高端，添加的辅料越少，越会以其本味为主，清新淡雅，越是吃到后面，越是值得品味，口腔中也是清清爽爽的。而食材若是不新鲜，越是会添加各种大料掩盖，口中乱七八糟的味道越大，非得漱漱口才能解决。

喝茶，每个人都有自己判定的标准，有人喝品牌茶，有人喝名字……

（三）"牛肉"易得，绝世好茶难求

喝"牛肉"了，好开心。

一泡略知名厂家的商品牛栏坑肉桂，花去我不少人民币。

然而，结果并不尽如人意。

严重的炭火味包裹着一丝桂皮味，叶底闻去并无好山场茶的"拔凉感"，取而代之的是火焦味，滋味也只剩下两泡过后的"空"了。

心里头并无欣喜，相反，悲伤逆流成河……

天心村村口牌坊

"牛肉"易得？开玩笑吧。那么珍贵稀有的茶，怎么可能易得呢。

让评姐来告诉大家真相吧。虽说，现今茶园分块，家家茶园管理不同，制茶师傅各有各的手法，可是牛栏坑就那么大一块地，"坑主"就那么二十几户。所以说，要喝到真正的"牛肉"，真的不容易。

不过，喝遍各坑主家"纯牛"的大有人在，"牛肉"还是有它独特的地域特征。如果说"牛肉"只是一个符号，至少也是各茶厂的顶级茶品，绝非粗制滥造的"赠品"。

茶，一片三分看出身、七分靠运气的叶子，若有幸得到尊重与用心对待，就是一泡绝世好茶。

既然绝世好茶，山场占三分，那么它的标准是什么？

①盖香、水底香、杯底留香三香协调且怡人、持久。

②汤色透亮是必备条件。

③滋味饱满且有甜度（入口即甜或是回甘都可以）是基本要求。

④叶底在正常冲泡条件下必须得活。

（四）喝过"牛肉"，还喝得下别的吗

人的品位是越来越刁的。喝过慧苑水仙还会想喝其他的水仙吗？坑涧茶，香幽水细，没有刻意表现，却使人从内而外"通爽"。这等好茶，终究只是少数人的"口粮茶"。

如果不是土豪，又想喝好茶，怎么办呢？喝茶，真的要追求好山场吗？

非也非也。山场好还得要工艺好。茶并非越贵越好。

生产记录卡

众所周知，武夷山从来不缺乏天价茶。不过，将天价茶作为一种营销手段，得到"不过如此"的反馈的也常听说。绝非因为消费者不会喝茶，而是那"赠品"实在是"大众商品"。

那么，真正的"天价茶"是怎样的呢？

真正的好茶，从育种到管理、加工到最后的销售环节，无不体现着完美的品质。它的茶师像认真雕琢一件艺术品一样对待他的作品，故而每年的茶都让人魂牵梦萦，难以忘怀，喝了一年还想喝下一年。

"天价茶"的价格并非高到离谱，需要咱们耐心去寻找。这才是咱们需要的好茶。

七、买茶避坑面面观

（一）回顾十年喝茶变化，我们是否在进步

不知道你有没有注意过，喝茶的我们一直在变化，不管是我们的喝茶境界还是茶品的特性。我们在这一波又一波的潮流趋势中，是随波逐流还是坚定不移？

2010年到2013年或是2014年的时候，喝岩茶爱喝香。半发酵的岩茶，香气变化多端，加之品种甚多，不同的品种香更是引人入胜，一不小心就陷进去了，像雀舌、奇兰等外香型品种更是刮起一波浪潮！现在倒是少了，雀舌更是极少采用。工艺再好也是香不落水的品种，对于注重"水"的岩茶，便是不合群了。

在2015年的时候风向变了，喝得更多是带点发酵味的岩茶，像红茶柔柔甜甜的，这个状态一直持续到2017年、2018年左右。像是肉桂，发酵过头，带点假水蜜桃香，若一直冲泡，便发现茶汤出现断崖式下滑，更甚者出现红茶味，让人摸不着头脑。

生态茶园（李铭伫 摄）

2019 年到 2020 年，开始回归"岩韵"，即岩茶特有的韵味上了。但是"岩韵"是什么呢，不知道？便出现了"霸气"一词来形容岩茶，市面上青涩青麻的茶开始大热，让人觉得这就是厚，这就是"霸气"。消费者喝到这样的茶的时候，明明觉得是青涩，还不敢反驳，跟着说这茶"霸气"。当然，2020 年"大桂皮味"也非常流行，大家迷这个东西，喝着"带劲"。工艺上多采用"做透不做熟"这样的手法，比较容易出桂皮味。

有时候去回顾这些变化，也不知道是不是在进步，好像从一个坑又掉入另一个坑了。但又觉得应该是在进步吧，毕竟说实话的人越来越多，消费者也越来越注重茶叶品质了。

（二）送茶礼有讲究：送岩茶，带火的茶不能选

年关将至，难免会有送礼的需求。各地的送礼习俗不同，在福州，送礼送岩茶的会比较多。省外送岩茶的也不少，有些朋友过来选购的时候会提一下说："对方指定要喝岩茶。"看来，岩茶也是斩获了不少"铁粉"呢！

买岩茶，无论如何都得记住一点：火没有退的岩茶是不适合立马饮用的，轻则会引起上火，重则长期饮用会导致食道炎等问题。评姐长期做审评，什么妖魔鬼怪也算见了不少，没想到，还是没有防住！朋友带茶过来，说是厂家寄来的样品，刚焙完火，放了十几天，可以喝了。结果刚审评喝完第一轮，就开始出现手抖、没力、心慌等状态。后面缓过了之后，总结了一下，应该是刚焙完火十几天，火没有退，加之做青不透导致的！

很多商家会忽悠说，火没退的岩茶，更好喝。确实有这样的现象，这是为什么呢？因为火能够掩饰一部分的缺点，比如有一部分青没有做透的茶，加上焙火，可以造成假花香的现象。还有一些茶，则是火退了，就返青了。这些都是因为前期工艺造成了品质的缺陷，所以火不敢退，才来忽悠消费者！

这就涉及很多知识盲区了，而且关于这方面的知识，书上的记载也很少，导致市面上很多说法，让人无从查证。比如很常见的一个问题："岩茶需要年年都焙火吗？"

很多制茶人，为显示自己做茶多么精细化，会告诉买家：我年年都会把茶拿来焙一焙，防止在储存过程中水分含量偏高，导致霉变等。我只能在心里默默说一句，那是你的储存环境不好。

陈茶，是不需要年年去焙火的！

（三）虽然喝过某某大牌茶，但你真的会喝茶吗

最近把喝过的品牌茶包装袋整理了出来，在办公室弄了一面墙——"我喝过的品牌茶"，免得老是遇到喝某某品牌茶的过来显摆，得治治这些坏毛病！

这样的人来，真是不爱搭理的，内心总是忍不住想说一句："那你干嘛不去某某品牌茶那里呢，来我这里做什么？"他们的显摆，一则，想表达自己长时间浸染在岩茶中，是会喝茶的人，你不要骗我；二则，自己能够消费得起好茶，快拿出你们家最高级的茶叶给我喝！

其实关于品牌茶，很早之前评姐也说过，他们需求量大，对于茶叶品质要求侧重点更多在于稳定性。高端茶不会存在于品牌茶之中，而是在于高端私人会所。但如果你对于高端茶的判断标准仅在于价格贵，那说明你还不会看茶，这样的人不是等着被宰？

高端茶冲泡讲解

所以，归根结底，还是得自己学会看茶。懂得茶叶品质的基础逻辑，明白山场、品种及工艺对品质的影响，才不会被人牵着走。否则的话，每当市场上出现一个新的概念、新的故事，你就往这个坑里跳一次，最怕的是掉坑里还起不来！

溪边饮茶自清凉

（四）从茶汤中能喝出什么来呢

茶汤最能反映一个人的心性。一般来说，泡茶滋味足，泡茶师真性情；泡茶滋味淡薄，泡茶师防卫心理过重。茶是最敏感的工艺品，制茶师的大气从容抑或是急躁，都一清二楚地反映在茶汤里。

从来没有山场不好的茶，只有没有用心的制茶师。

评姐从来不迷信传承人，可是仍由衷觉得能在传承人那里学习制茶，不知道是哪辈子修来的福气。从名师那里学来的理所当然的习惯性动作，也许就是其他茶农茶叶品质得不到提升的症结所在。茶叶只要做出它作为茶叶的尊严，它回馈你的，除了头泡到尾汤从骨子里透出的茶香，茶的本香再高，它也不会妖、不会腻。如果你是对的泡茶师，它惊人的耐泡度与持久的甜度，会让你深深体会到什么是茶韵。

八、评姐的漫漫寻茶路

在这个看颜值的世界，评姐想问一句，好茶看什么？看出身？看价格？看故事？看年份？

当物质充沛，我们忘记初心，拼贵，拼稀，拼奇，拼着一切我们越来越难懂的高大上，不这样，仿佛就没了抬头的力气。

那不然呢？

一个农村出身的、研究生态学的茶学博士，用她自己的理解，走在探究"怎样的茶才是真正好茶"的路上。

她踏遍茶山、遍寻茶园，早晨5点起床车行4小时，采集各地水样土样，夜里12点赶往实验室；她寻访茶厂老茶师，探究怎样的茶青、工艺才能做出好的口感；她身行北上广从不购物，而是观察怎样的茶产品，才能受到消费者喜爱。她一直在找茶，找寻大家心中的那杯好茶。

茶叶是按不同工艺、用不同等级的原料制作出来的，不同的茶叶有不同的口感，不同的口感适宜不同的人。按照自己的口感去选择喜欢的茶就可以了，正所谓："茶无好坏，适口为宜。"

用过于精细的标准苛求茶叶，用过于玄妙的标准去品评茶叶，这其实背离了茶的本质，辜负了茶的真意。茶，本质上是一种有益身心健康的饮品。用健康饮品的各项指标来评价茶叶品质，能够帮助我们真正了解茶叶，也能够帮助我们正确选购茶叶。

采青称重

我们剥离一切与茶无关的附属，还以茶的本来面目，展现在你面前的就是没有任何包装与说明的干茶，通过不断点评，只为找到真正的好茶，找到值得保护、未来有发展的、货真价实的、能代表福建的真正好茶；你只需看茶喝茶，你不懂它来自哪里（你也无需懂），你只凭自己的味蕾，自己的慧眼，自己的嗅觉，自己的真心，告诉大家，你喜不喜欢喝这一口茶，这就是评姐想做的事。而我们只需把这一切点评结果整理发布，我们只是借你们的口告诉大家，什么是大众心目中的好茶。

好茶，来自大众的口碑，这就是茶叶点评网一直在寻找的好茶，我相信也是你的！

茶叶点评网，源起于一个茶农的愿望……

小时候，父亲是村里唯一的中专生，为了养活四个孩子，父亲当起茶商背着闽茶坐上了绿皮火车。那一年，茶市特别不景气，茶卖不出去没钱过年，父亲一脸愁容，而孩童时期的我好期待父亲能带回过年的新衣裳……那一年，父亲借钱哄着孩子们开心过大年，知道实情的我这个年关过得很揪心，想为茶农做点事的心思逐渐生长……

2015年，我们创办了"茶叶点评网"，一个给茶厂特色茶品直面终端消费者的平台，一个在福州也能喝到各地茶品的平台，一个消费者喝到才是真实、自己喜欢才是好茶的评茶地，一个既有专家点评又有爱茶达人点评的评聚地。

游客和忙碌的挑茶工交汇

手脚并用爬山登顶

　　天天都是评茶会，评出心中最喜欢喝的茶。我们收集全国乃至全球的特色茶品，邀请所有感兴趣的茶人参加在线评茶活动，也包括茶与健康、茶生活美学等分享互动。

　　初期我们尚缺乏活动经验，呈现出的总有凌乱，这些我们都将不断完善，但我们要表达的是做实事，通过一杯茶时间的文化主题，拉近喝茶人的距离，把飘在云端的茶文化落地为好玩、接地气的评茶盛会。

　　评论参与者不论出身，不论是否真懂喝茶，通过感观体验找到自己喜爱的那款茶。所谓好茶，不论山场不论师傅，舌头喜欢的才是最好的。相信自己的味蕾，参与报名，"评茶达人"就是你了!!

　　茶叶点评网致力于白茶、岩茶陈化理论与工艺研究。近十年来，通过微信公众号、抖音、视频号等新媒体开展茶知识科普宣传，影响十万余人的好茶辨识观。

　　通过国标感官审评寻觅好茶，更重要的是能指导茶农茶企科学种茶、制茶，从而生产出更多优质茶，推动茶产业做大做强，精准助力乡村振兴。

　　评姐自 2004 年研究茶园生态学方向，跟导师团队一起从事武夷正岩茶区生态调查，指导茶农应用自然农法正确保护小气候山场环境。

　　2012 年读博期间，主要从事茶叶有效成分研究，结合中医学知识，开发茶疗指南，甄别工艺缺陷茶对健康的损伤。

与学员在武夷农家喝茶

2015 年评姐创办茶叶点评网，经过长时间的市场训练，总结一系列白茶、岩茶品鉴甄选的理论体系，并不断推出品质特征显著的标杆茶品，让更多爱茶人花更少的学费，用更短的时间，找到适合自己的好茶。

2024 年，是我们服务"三茶（茶文化、茶产业、茶科技）"发展的第二十个年头，也是评姐创业的第十个年头。当选择与茶同行，接受过程的不完美，才可以让自己的生命之舟，坚强地扬起希望的桅杆，在人生的蓝海上破浪前行。

协办上海斗茶赛

第六章

论茶

一、骆少君：岩茶岩韵烙心头

　　曾与骆老有过一次采访之缘。那是 2004 年，武夷茶的发展正处于低谷，不被市场看好和认可。虽在 2002 年武夷岩茶已获国家原产地域保护，但那时的武夷茶仍是"藏在深闺人未识"。就武夷茶今后如何发展、如何与旅游结合，曾专程到杭州她的家采访。回想当时的情景，至今还能深深体会到她对武夷山良好生态环境所造就的武夷岩茶的喜爱和殷殷希望。今日重新阅读当时的文字，有许多的不成熟，但骆老对武夷岩茶指出的方向和提出的期望，基本已实现，读来仿佛昨日，倍感亲切。

　　而今，骆老已带着满满茶香离去，武夷山的茶人们会想她的。谨以此文，纪念骆老对武夷岩茶的拳拳关爱之情！

　　又是武夷岩茶大量上市时节。一季又一季，一年复一年，武夷岩茶的发展已到了关键时期。为探寻武夷岩茶最佳的发展之路，我们到杭州采访了茶叶专家——骆少君。

　　当我怀着既兴奋又害怕的心情敲开骆少君院长家门时，看到她慈祥的笑容、随意梳理显得有些零乱的丝丝白发，我的心彻底释然了。

　　这是一位全身写满爱心的女性，是一位满身浸润着茶之灵性的女性。走近她，她会将你的拘束统统收走，留给你的是实实在在的舒心、融洽和悠悠茶香。

（一）武夷岩茶，要以不变应万变

　　采访骆少君，话题自然从茶聊起。健谈的她给我们聊起了武夷山，聊起了武夷岩茶。

　　骆少君说，我国是茶叶生长发源地，是产茶和出口茶大国，但我国的好茶都是内销。随着市场的放开，国外和国内的产品都会进来或出去，在众多的出口产品中，劳动密集型产品、资源型产品、传统产品则是我国主要能走出去的产品，而茶叶就属我国的传统产品，具有很强的文化性、民族性、历史性。

武夷山文化底蕴丰厚。浓厚的文化，使武夷山的茶叶发展一直很健康。茶叶作为饮料，它的品质、风格不是一两代人所能确定的，而是根据其自然环境、茶树的生物学特点，几代人摸索出的一套最能发挥其本质特性的加工工艺，缓慢形成的。武夷岩茶作为乌龙茶中的茶王，是茶中精品，其独特的品质、文化内涵是

骆少君在武夷山茶厂

任何茶不能取代的，因此武夷岩茶不能按一般的茶来做。一般的茶叶可以追随市场，但武夷岩茶不能追随市场，而应呼唤市场，让市场了解自己，认识自己，保持自己的特长，而不是改变自己，否则就失去了原有的品质。

2002年，武夷岩茶获国家原产地域保护证书，这就更要保护武夷岩茶的原滋味、原工艺、原环境。如果武夷山的环境变了，破坏或污染了，就长不出好茶，武夷岩茶也就名存实亡了。如果随意改变武夷岩茶的品种，今天引进一个新品种，明天又引进一个，就会扰乱人们对武夷岩茶的认知。如果随意改变加工工艺，品质变了，韵味没了，也就不成其为武夷岩茶了。因此，武夷岩茶在呼唤市场时，不变的是品种、品质、工艺、环境，变的是呼唤市场的经营策略和手段，即提升武夷岩茶的价值。

（二）让岩茶成为武夷山旅游的最佳导游

"提起龙井想到西湖，提起风筝想到潍坊，提起牡丹想到洛阳，提起乌龙茶想到武夷山，让岩茶成为武夷山旅游的最佳导游。"采访中，骆少君对武夷岩茶的殷殷希望让人感动。

武夷山的旅游业需要茶叶来支撑，来互补，来提升。游人到武夷山旅游来一次是一次，但武夷岩茶可以让武夷山长脚、长翅膀，飞到世界各地。她是一位无声的导游，是一位最忠诚、最实在的导游，是一位最持久、效果最好的导游。

武夷山现在每年接待游客近 300 万人次，要让旅游资源发挥更多作用，可以先做茶叶文章，打茶品牌，而岩茶有旅游资源的衬托，价值又会提升，两者相互支撑，相互提升。目前，武夷山的茶叶市场竞争无序，单价低、量少、品种杂，茶叶企业间团结不够。针对这些状况，应该统一打好原来的水仙、肉桂、名丛等牌子，以简单和精品来吸引游客。企业之间要相互团结，注重群体利益。不需要大力发展茶叶产量，不能以量取胜，而应在提高品质的基础上，以价取胜，要让武夷岩茶在市场上最后产生饥饿感。

从 1967 年青春少女的她第一次到武夷山接触武夷岩茶，至今已有 30 多个年头，这期间她已记不清到武夷山多少趟，品过几多武夷岩茶，那丰厚的岩韵，那无法忘却的韵味，每一次都深深地烙在她心里。随着时光的流转，她越来越觉得如此好的岩茶应该也能够成为武夷山旅游的最佳导游。为达成这一愿望，一直以来，她无论是在国外还是在国内，只要有机会就与人谈武夷岩茶，谈武夷文化，谈武夷山水。2003 年，她特地邀请武夷山从事岩茶生产、加工研究的专家姚月明到杭州进行讲课，让全国的老字号、大茶商和主要销区了解、认识武夷岩茶，为武夷岩茶走出去搭建一个宣传的平台。今年初，百年老字号、全国最大茶叶零售商（年销售茶叶产值达 2 亿多）的北京张一元茶叶有限责任公司总经理王秀兰、上海湖心亭董事长吴平先生和荣雅予经理，就是通过这一平台了解武夷岩茶，并到武夷山实地考察，他们通过岩茶认识了武夷山，通过山水了解了武夷岩茶。现在骆少君又力图

慧苑老丛茶树压弯枝条

鹰嘴岩

把全国知名的老字号茶店、茶馆的商家、欧盟茶叶贸易委员会成员带到武夷山，通过这些能呼唤市场、能撬动市场，让具有影响力的人来推销武夷岩茶，传播武夷岩茶，使武夷岩茶能真正走向世界。

（三）要把基地办在武夷山

武夷山在国内有非常独到的自然环境优势，特别是今年5月，骆少君到武夷山看了自然保护区，这里清甜的空气，丰富的物种，没有一点杂质的山水，对她震撼很大。她说，原来武夷岩茶的生长还有这样一个大背景，如今，在我国能保存这么一块"未受污染的世界环境保护的典范"，是茶叶界的福气，也是武夷山人的福气。

骆少君认为，近年来，除正山小种外，武夷岩茶的品质有所下降，岩韵在淡化，武夷岩茶如果失去了原有岩韵，则不成为武夷岩茶。为此，一心挂念着武夷岩茶的骆少君经过多方努力，决定把武夷山作为中华全国供销合作总社杭州茶叶研究院闽北工作站的基地，开办高级评茶员职业技能鉴定培训班。一方面是把外面的茶叶市场发展趋势信息传递到武夷山，另一方面是把武夷山做茶、经营茶、关心茶的人的行为，规范到市场必需的法制轨道上来，通过培训提升武夷茶人的自身素质，让武夷岩茶更好地保持传统工艺和品质，从而能够占领市场的最高点。

去年10月和今年5月，她分别在建瓯和武夷山尝试性地办了两期高级评茶员职业技能鉴定培训班，共有90多人参加培训，其中有40位是武夷山各茶厂的技术骨干。这是她第一次把培训班办到茶区，可见其对武夷山的厚爱。她说，要争取在今年把基地办起来，届时全国各地的茶人都可以到这里参加培训，从而获知武夷岩茶的真韵，达到传播武夷岩茶的目的。

采访结束时，记者问她对武夷岩茶的发展有何希望。她说，希望武夷岩茶能保持本色，重振雄风。

（金文莲）

二、陈德华：父辈的旗帜与传承

评姐：传承的担子很重。陈德华先生的研究硕果累累，你们在传承这块，怎么去理解或是去做的呢？

陈继红（陈德华儿媳）：如你所说，我们身上的压力是非常大的。不管是技艺也好，精神也好，都希望能把它延续下去。我们本身也是非常热爱茶的，但我们的能力是有限的，也没办法像他一样能做这么多的事情，唯有尽最大的努力去坚守这一份热爱，做好茶叶。

评姐：产品其实也表达了你们的一种态度。看到展厅里有十大名丛的展示，能给我们介绍一下吗？

陈继红：其实也不是每一年都能有十大名丛的，因为并不是每一年都能把每一款茶做好。我们传递到消费者手上，一定是严格把控过的，把每一年做得好的茶拿出来销售。所以你也可以看到，这样一个组合之中，年份是不一样的。

陈德华博物馆

评姐：也就是说，做不好的茶是不会出售的。这一点真是非常难得的，因为拥有这些名丛已经是非常难得的事情了。我们来找您，也是因为二代传承。你们在德华老师身边，肯定会受他的家风家训的影响，他给你们最大的影响是什么呢？

陈继红：感恩。我们当时准备出一款大红袍的包装，他让我的儿子写三个字——"感恩茶"，准备放到包装上。我说我儿子才小学，写字难看，他说没关系，让小孩记住，感恩很重要。他一直觉得大红袍也是一个感恩茶，他一直心怀感恩，说如果没有这个机遇，也做不了这份事。他认为是时代造就了他。

评姐：其实不仅仅是时代造就了他，他也造就了时代。

陈继红：他一直说，现在日子好过，但他是经历过苦难的，也非常珍惜现在的生活。一片叶子富了一方人。以前他们上山，手里都会拿一根棍子，去探路，怕会遇到蛇一类的动物，而且有些山是没有路的，他们是爬藤上去的，条件真的是非常艰苦。

评姐：你们跟着陈德华老先生做茶这么久，那按照你们现在的理解，什么是一杯好喝的岩茶？这其实也是消费者比较关心的。

陈继红：首先一个是自己要喝着舒服，这是比较主观的体验。如果一款茶能喝到口齿生香，回味悠长，而且耐泡度要高，泡几冲，没有落差，这肯定是好茶。

其实老爷子一直主张，好的岩茶不要焙高火，焙高火把它的本性掩盖了，这是没有意义的。不同品种之间，也是不一样的。我们有跟老一辈茶人交流，也是老爷子的朋友，问："以前的茶到底有没有焙这么高的火？"他们也说："没有的，甚至有时候，毛茶拣一拣，过一下，就放那里。"焙火是什么原因呢？是因为商品的运输，所以它才会焙火。商品茶，包装运输过程中，受潮了会影响它的口感之类的，才去焙火的。

评姐：纯种大红袍其实一直以来都推不起来，也导致很多茶农把纯种大红袍茶树挖掉，栽其他品种。能简单介绍一下纯种大红袍吗？

陈继红：其实老爷子对纯种大红袍是倾尽心血，在 20 世纪 60 年代，他就向茶科所去要苗，但是当时管控是非常严格的。一直到80年代，才拿到纯种大红袍的茶苗，他让工人帮他种到御茶园，后面再从御茶园引种出来，推广到其他地方，比如武夷星现在九龙山上的纯种大红袍。纯种大红袍的品种香是桂花香，尾水要有粽叶香，香气很优雅，但是做好一泡纯种大红袍是非常难的，很难做出品种特色。我们认为，纯种大红袍是独一无二的，它是有香有水的茶，有些品种只有香，没有水。它为什么是茶王，也是因为它的优良品质特征。

斗茶赛专家评委区陈老师手把手指导

评姐：那拼配大红袍呢？当时陈德华老先生做的第一款商品大红袍，就是拼配大红袍。岩茶的拼配很难，要做好一款拼配大红袍，它有什么要领呢？

陈继红：首先要了解单品种之间的优缺点与品质特征。水仙和肉桂，这两款茶一定要有，是打底的，我们还会把纯种大红袍拼进去，因为它的滋味感会带有鲜甜，这也是老爷子教的。但也不是所有的都会拼纯种大红袍，我们在高等级的拼配大红袍之中才会拼纯种，效果比较好。水仙是水，肉桂是香，纯种大红袍是甜度。也会适当拼一些陈茶进去，要把握比例的问题，不一定会放很多，因为陈茶能增加水的醇厚度。当然，还有拼进一些名丛。

如果要拼这些茶，还有一个原则性的问题，就是融合性的问题，茶性融合。我们也尝试过，把一些特别好的茶拼在一起，但是不融合，品质反而下降

斗茶赛上跟着前辈们学习

了。好比说，把好看的五官安到一个人脸上，不一定好看。香气和滋味，一定要兼容。

茶砖

评姐：为什么会去开发茶砖这个产品呢？

陈继红：其实是老爷子看到历史上的龙团凤饼，以及普洱茶的压饼。1997 年压砖的时候，主要是水仙，原料都是好的，不是大家以为的茶末去压，都是精品茶。到 1998、1999 年，连续三年都有在做，但是市场行情不是很好，这也是一个很现实的问题，因此就停了一段时间。老爷子 2004 年的时候去武夷星，帮他建立了紧压茶的生产线，2005 年，我们自己开始压大红袍的茶砖。大红袍的茶砖，是用原料比较好的拼配大红袍压制的。

压砖也是考虑到两个原因，一是便于储存，至于压砖后的品质转化，对我们来说也在研究中；二是便于携带，把它掰成片，出门带点茶，比较方便。

三、黄贤庚：解答手工制茶疑惑

评姐：现在岩茶机械化生产，很多都代替了手工，以至于我们现在对手工茶的追求热度只增不减。目前市面上也看到了很多茶厂在手工做青，但有些发出来的视频，动作一看就不标准。黄老师能跟我们讲讲以前的手工做茶吗？

黄贤庚老师：从采茶开始，以前是双手采矮丛，单手采高丛。

接着是开青，手工开青有四种方式，第一种是米筛开，一把就匀开来，一筛成型；第二种是斧头开，茶先放到中间，左一下，右一下，像我们劈柴火一样；第三种是推拉开，但这种开青方式不是很好；第四个是摇开。以前开青的速度很快，而后师傅根据太阳的强弱进行晒

手工炒青闻茶香

青，如果太阳太大，就要放回走廊上晾青，要把热散掉才能放回室内进行萎凋。

茶叶萎凋结束之后，就要进入摇青阶段，一遍手、两遍手、三遍手，三遍手之后就要开始并筛。有些两筛并一筛，有些三筛并两筛，要看具体情况。如果摇青力度不够，需要轻轻做手、碰青等处理，这些都是需要积累经验去判断的。接着再做几遍手，全过程需要 12 ～ 16 个小时。做青要求青要做熟，水要走透。

接下来就是炒青、揉捻，讲究双炒双揉，条索会更漂亮。

揉完之后，开始干燥，最后进入精制阶段。

评姐：走水焙和抢水焙是两个不同的概念？

黄贤庚老师：这是同一个概念，但是不同的叫法而已。所谓走水焙，速度要很快，温度要高。以前的人走来走去，翻翻看看，可以了就要收起来，后面的焙

笼往前推，空出两个焙笼，就要装其他茶，形成人工的流水线。所谓抢水焙就是抢时间，都是要快。

评姐：那这样做下来，量是非常少的。

黄贤庚老师：是的，非常少。以前我在水帘洞那边，一个生产小队，一年才1000多斤茶，现在一个农户都不止1000斤了。一个工人才做50斤毛茶，量是非常少的。

评姐：现在有一种半手工做茶，要怎么去理解呢？

黄贤庚老师：是机械结合手工做茶。现在不可能做到全手工做茶，为了体现他的茶质量够好，会采用半手工的方式。现在做青机一桶三四百斤，半手工呢，会把茶叶从做青机里拿出来，摊晾到水筛上，等到下一次摇青的时候，再放回去，这是其中一种半手工方式；还有一种就是前面几次手工摇青，而后倒回做青机，用机械做青，不再拿出来了。

评姐：那以前手工炒青是怎么样的呢？

黄贤庚老师：以前安置炒青锅，是有一定斜度的，手翻青的时候，茶叶沿着斜度就下来了，不需要你的手完全像烙饼一样，硬去抓起来。现在很多锅是平的，安装的也是平的，像绿茶的炒青一样，这是不对的。

手工揉捻拍摄现场

评姐：我们现在其实对于焙火也是很困惑的，市面上有一道火、二道火、三道火，这个要怎么去理解？

黄贤庚老师：我们以前讲究一气呵成，一次性焙透，炭焙时间也就4~5个小时，以前做青做得很透，火过一下就好了。现在的茶鲜叶质量不如以前，施用化肥，后续工艺也不好，苦涩物质都没走透，就需要用焙火去修饰掩盖。

评姐：吃火要怎么理解呢？很多人经常说，你这个茶，火都没吃进去。

黄贤庚老师：吃火，是指吃炭火。没吃火的茶，是指这个茶表面干了，但内部还含有较多水分，火吃不进去。这类茶做出来，会带有苦涩味。

岩茶，做好一泡茶不容易

老祖宗传下的那"看天做青，看青做青"八字秘诀，听起来简单，做起来却犯晕，玄机太深了。先说那个不讲情面的"天"，常常变脸。故有晴天、雨天、阴阳天，雨有大雨、小雨、毛毛雨，阳光有强光、弱光、躲躲闪闪光……看你怎么应对。再说那个名目繁多的茶青，有干青、雨青、露水青、阳山青、阴山青，等等。武夷岩茶固有品种繁多，新品种又层出不穷，新人很难把握，往往是艺学到手时，茶却做坏一两拨，"学费"交了一大笔，懊丧不已。

还有那茶山管理是否科学，采摘的茶青是否标准，运输环节是否及时等，做茶时都要加以考虑。做青过程中，还要看青叶变化，土话叫"死去活来"，以定做青时间、下手轻重，最后达到"活"。做茶的道路上只能小心静观、随机应变，而无法运筹帷幄、按部就班。做好一泡岩茶太不容易了。老茶师有名言"做茶时要提起眉毛"，意为睁大眼睛。

"岩茶制作上没有常胜将军。"所以头发花白的老师傅只能承诺不会做坏了茶，而不敢夸口把每泡茶做成精品。记得已故的岩茶老专家姚月明生前常说："岩茶太复杂了，弄懂了，又会糊涂；糊涂后，又会慢慢弄懂。"大师都这样谦虚，谁敢说自己做茶有十分把握。确实，有些从来没接触过管山、采摘、制作的人，也夸夸其谈，貌似什么茶都精通。只要一听其言，一看其文，就见谬误和笑话。古人云："操千琴而后晓声，观千剑而后识器。"做茶如游泳，得下水；如收藏，讲"上手"。坐而论道，不成。

如今有的人动辄就讲"创新"，结果误入歧途。其实创新是有基础和条件的。

黄贤庚老师签名赠书

比如说，武夷岩茶历来讲究"重在吃水，以味取香"，显然滋味是排在首位，这是由地理环境、制作工艺决定的。如果去搞什么"北茶南做"，追求清香型，不但会失去岩茶风格，而且难以保存，最后不是返青，就是出现香不香、味没味。

现在岩茶制作已基本使用机器，这是大势所趋。为此有的人说，现在不存在"传统"了。其实机器做法是手工的延伸和发展，只是形式的改变而已。岩茶的传统核心是"熟香型"，如今围绕这个"核心"的传统栽培耕作、采制法已无法全部保留，但是遵循这个"核心"，而注重茶地生态环境、少施化肥、茶树崇老、开面采摘、较重发酵、足火长焙等都是"传统"的精髓，也是武夷岩茶手工制作非物质文化遗产传承性的体现。机器做青还得"看天做青、看青做青"，因此，要求做青师傅不但会"看"，还要会做；先"看"后下手，动手时要注意"看"。这就是制作岩茶的难处。

四、刘国英：从消费者角度理解岩茶

评姐：岩茶滋味丰富度深受大家喜爱。我们说好茶都有共同性，那对于喝其他茶类的茶友而言，怎么过渡到岩茶上来呢？

刘国英老师：第一，学习是一个渐进的过程，一口吃不成大胖子，要多实践，多喝，多对比；第二，从你的感官喜好入手，先找和现在所喝茶类对标风格的，比如说，你是喝绿茶的，或者喝铁观音的，可以找岩茶类似风格的，比如轻火茶，香气滋味更加清爽，后期再徐徐渐进。

评姐：怎么理解传统和创新呢？现在很多说炭焙，或者手工做茶就是传统，而且也出现了不少"新工艺"。

刘国英老师：这个要看你自己的理解了。从工艺的流程上看，其实都是传统的，还是那些工艺，晒青、做青、杀青等，这些是没有变的。好的技艺都是被保留下来的。有一句话说得好，叫去其糟粕，取其精华。

至于手工做茶，要看哪个工艺，对品质影响如何。如果机械做的品质更好，效率又更高，生产上就没必要保留手工的，如揉捻、杀青等；如果手工做的品质更有特色，生产上就还有少量保留，如初制的做青和精制的炭焙。至于每道工艺都用手式操作，那个叫"非物质文化遗产"，要保护和传承，生产上不实用，而且机械也能做出好茶。

践行非遗传承

评姐：怎么理解三红七绿和绿叶红镶边这二者的区别？

刘国英老师：三红七绿，是指红边的比例，是定量，而绿叶红镶边是指半发酵，是定性，其实二者都是指岩茶是半发酵的茶类。但我们在成品中，是极少能看到绿叶红镶边的，因为焙火等后续工艺，其实红边已经不明显了。

评姐：很多人会长时间炭焙，30个小时、40个小时，对品质会有什么影响？

刘国英老师：这个是和火功挂钩的，不能单看时间一个指标，应该是炭焙的温度和时间共同决定。

评姐：茶叶返青和炭焙有什么关系呢？

刘国英老师：返青不是炭焙占主导因素，应该是一个综合评判标准，初制工艺、炭焙及后期存放都有影响。好的岩茶，就算是轻火型的，也是不容易返青的。

评姐：岩茶最近发布了可以长期存放的地方标准，对我们消费者存茶有什么好的建议吗？我看有一些人是散茶放在罐子中存放，有些是小包装泡袋存放。

刘国英老师：岩茶本来就是可以长期存放的品类。至于是大堆头的散茶存放还是小泡袋的存放，因人而异。大堆头的散茶存放更适合于工厂，而家庭存储小泡袋更适合，因为量少，而且包袋密封保存，更保险。

评姐：老师对陈茶这一块研究颇深，陈茶有什么品质特征？

刘国英老师：陈茶品质的判断是既要岩骨花香又要有陈香，多了一个时间的维度。多少年为陈茶和老茶，或判断一泡茶陈了多少年，现在还没有确切的标准。与保存条件和保存方法有很大关系。陈茶随着时间的推移，滋味香气有所变化，你可以喜欢三年的，也可以喜欢五年，也有人喜欢二十年的，看个人喜好。

评姐：关于陈茶焙火要怎么理解呢？有些人年年都焙，有些人一次也不焙。

刘国英老师：这个要看制茶人对陈茶的把握了。岩茶陈化是一个后转化的过程，要找到一个临界点。像有些人一直放在那里，茶叶往酸馊等方面发展也置之不理，这是不对的。定期抽检，当陈化到达一个临界值之后，出现某种不愉悦的感官体验，就要选择焙火了。

所谓岩韵，即岩骨花香

所谓山场，就是岩茶种植的生态环境，也就是岩茶生长的小气候，对岩茶品质有重大影响。但消费者不要迷信山场，卖茶者更不要神化山场。

山场的确对茶叶品质有决定性的影响，哪怕是武夷山的同一个山头，山顶和山脚的茶即使由同一个厂家和师傅做，品质都会有差异。一般来说山顶的茶香气表现更明显更高扬，而山坳里的茶，香气虽然不那么明显，但滋味更醇厚。

不过现在对武夷岩茶生态环境的分类，有了新的变化。刘国英老师说，过去常说"三坑两涧"是正岩，

手工摇青

还有半岩、洲茶、外山茶的概念，但现在按照国标所指，只要在武夷山景区核心区内的就算正岩茶，核心区外的就算半岩茶，核心景区周边和交接地带的也算半岩茶，这个分法比较好记和科学。

喝了不少岩茶，但一直没法准确喝出是哪个山场的，有什么办法能速成吗？由于现在影响茶叶品质的因素太多，除了生态环境外，还有品种、栽培、加工制作等多方面影响因素，因此山场特征反而没那么明显了。其实不只是普通消费者，就算是武夷山茶人或专家，要鉴别山场都不是件容易的事，以我而言，也不过能

区分正岩还是外山罢了。刘国英老师指出，要想区分山场，除了要对山场特征十分熟悉外，还要同时对比泡饮才能比较明确。

岩骨花香说的就是岩韵，是武夷岩茶品质的专有名词，也是岩茶品质的综合表现，但是每个人对岩韵的理解不一样。岩韵并不神秘，其实就是武夷岩茶香气和滋味的综合体现，但其形成包括诸多因素，如品种、生态环境、工艺等，因此判断岩韵并不容易。

乌龙茶品质特征最重要的就是香气和滋味，尤其武夷岩茶更重滋味，讲究醇厚。

看茶厚不厚，关键看三点。首先茶味重不重，茶味重一般来说厚；其次看回甘持久否，回甘持久相对较好；第三看是否耐泡。如果以上三点均为是，则茶厚。

茶厚茶气重和苦涩味要区分开。如果茶气重又会回甘，就是醇厚，又比如夏秋茶虽然茶味重，但涩味不散，这就是不厚。

所谓岩骨，就要求茶味要很重，茶气也要很重，回甘还要持久，这就是我们常说的"里面有骨头"。岩骨花香，说的是滋味和香气，岩骨就是滋味，花香就是香气。

不过香气并非越浓越好，岩茶香气的好坏讲究香得自然。首先从香型来说，岩茶香气的香型要越优雅越好；其次从持久度来看，杯底香、挂杯香要持久；最后，好的岩茶的水中香也要非常浓郁。

五、罗盛财：与你一起解读武夷名丛

评姐：名丛和品种之间有什么区别？

罗盛财老师：品种是茶树资源里面通过国家种质管理部门审定或认定的品种类型，要通过一定的程序，比如经过试验、示范、对比鉴定，并由有关权属单位（或所有人）提出品种审定或认定品种申请报告，国家品种审定委员会组织专家进行评审论证，审核批准之后才能成为品种。品种又分为国家级品种与省级品种。武夷山常见的国家级品种有水仙等，省级品种有肉桂、大红袍等。

名丛是品种资源的类型。名丛来源于武夷菜茶，是从武夷菜茶有性群体种中分离优良单株所得，先筛选出单丛，再优中选优，形成名丛。名丛都有名字，经过一代一代流传下来。

春茶园（春秋岩茶 供）

评姐：其实武夷山这么多名丛，还得多亏菜茶的多样性了。

罗盛财老师：武夷菜茶是个极为优良的有性系品种。茶树是常异花授粉的植物，主要依靠蜜蜂传粉，它每一代基本都是杂交的，虽然雌雄同株同花，但自花基本不结籽。在有不同类型的花粉来源条件下，柱头会选择遗传差异性大的花粉进行杂交，所以它具有遗传杂合性和类型多样性。用茶籽育成的茶树，经常是知道母本是谁，但父本是谁都不知道。

评姐：名丛的历史也是源远流长的。

罗盛财老师：武夷茶区选育名丛有 1000 多年的历史。据史志记载：唐朝就开始选育出正唐梅、正唐树；宋朝就有宋玉树、铁罗汉等，但现在的铁罗汉是不是宋朝的很难说，因为经过了这么多年代，变不变异很难说。元、明、清都有选育名丛。根据林馥泉 1943 年统计，武夷名丛种类不下千种，仅在慧苑岩调查，就有 800 多种，其中记录的名称就有 280 多个。

评姐：那市面上目前见得比较多的，是哪些名丛？

罗盛财老师：主要还是五大名丛，大红袍、铁罗汉、水金龟、白鸡冠、半天妖，以及其他产量比较大的名丛。有些书记载是四大名丛，这个说法不够严谨。在 1943 年，林馥泉的记载中就是五大名丛了；2001 年，《中国茶树品种志》中也是提五大名丛。四大名丛的说法来源于 1980 年《福建名茶》这本书，其中写名丛的时候，审核成四大名丛，把"传统茶王"大红袍降为四大名丛之一，没有了半天妖。

评姐：以前还有十大珍稀名丛一说，是哪十大呢？

罗盛财老师："十大珍稀名丛"之说时间不长，大约是根据 2001 年《中国茶树品种志》中所列大红袍、水金龟、铁罗汉、半天妖、白鸡冠、金桂、金钥匙、白牡丹、白瑞香、北斗而言。

评姐：那怎么理解肉桂和水仙两个当家品种呢？

罗盛财老师：作为当家品种，品种特别优良稳定。肉桂是 1985 年审定为福建省优良品种，到现在为止，种植面积占武夷山的 35% ~ 40%；水仙是清末引进武夷山，到武夷山大概一百多年，水仙的种植面积稳定扩大，现在占总面积的 25% 左右。这两个加起来就 60% ~ 65%。肉

辨识茶树品种

桂，有香不过肉桂之说，滋味浓厚，容易辨别；水仙，醇不过水仙，不仅如此，水仙还有一种高扬的细香，幽兰的水香。可以说懂了肉桂和水仙，就懂了 60% 的岩茶。

评姐：正太阴和正太阳，是罗老师手上两个比较特别的品种，能跟我们简单介绍一下吗？

罗盛财老师：它是道家文化在武夷茶的表现。武夷山属于三教合一的地方，武夷山的茶文化以名丛作为载体，类型各种各样，也包括三教文化。道家在外鬼洞和内鬼洞交界的地方，选一块地，但这块地也不大，中间有一个水沟流下来，呈现 S 形。我们的祖先，根据道家思想，就把那里做成一个八卦，以弯曲的水沟为中和线，在水沟西边上方种了一棵茶树，叫正太阳，在水沟东边下方了一棵茶树，叫正太阴，两株名丛特征相互对应，个性鲜明，形成阴阳两极的鱼眼，再以向外传播的茶种和生产技艺为外围点线，构成一个完整的茶的太极图，用以向世人宣示着：这里是茶的本源！还好 1980 年在我们的保护下繁殖起来了。没过两年，正太阴和正太阳先后被挖毁改种水仙。正太阳被挖掉之后就死掉了。正太阴被挖掉，第二年又发芽起来，但还是被挖除了。茶八卦没有了阴阳鱼眼，也就失去了原本的灵性。

评姐：大红袍有一代、二代之分吗？

罗盛财老师：无性系群体不叫代，大红袍几代，这是错误的说法。只有有性杂交育种群体才分代。

评姐：茶叶市场变化万千，对岩茶而言，应该迎合市场吗？

罗盛财老师：什么是武夷岩茶？武夷岩茶是乌龙茶的一种特种茶。特种茶是不能去追随市场的，要去培育市场。应当以不变应万变，用传统的优良品质特征去顺应万变的市场。

六、王国兴：揭晓岩茶拼配密码

评姐：我们怎么去理解"拼配"二字，它是属于褒义词还是贬义词呢？

王国兴老师：武夷岩茶大红袍的"拼配"并不是将几种茶叶随意拼合在一起，而是选取多种品种茶，按照最佳口感比例去调和拼配。

"拼配"有两层含义：一是"配"，二是"拼"，正常来讲都是要"先配再拼"。"配"就是指我们使用到的各种拼配原料的比例、数量，这需要不断地尝试和推敲才能得来；"拼"则是把整合到的所有原料，按照一定的比例归整匀堆。

而我们"拼配"一词是不存在褒贬之说，它属于中性词汇。拼配主要是为了达到两个目的：

第一，拼配是为了将多个单一品种的优点结合在一起，让拼配而出的茶品在滋味和香气上更符合消费者口感的需求。

第二，多个单一品种的拼配，能够在提升滋味口感的基础上达到"市场量级"的需求。这样在克服单一品种优缺点短板的同时，让产品得到量的提升；拼配原料来源也相对丰富一些，那么价格也就可能更趋于平民化。这种方式不管是对于茶农还是消费者来说，都是更有益的。

评姐："匀堆"和"拼配"这两种说法有什么区别呢？

王国兴老师："拼配"和"匀堆"这两个词还是有很大的区别

水帘洞茶园生态

的。"匀堆"有两种说法：一种是按比例的充分均匀混合归堆，就是指"拼"的环节中一个操作名词而已；另外一种就是把它当做一个"贬义词"来看。比如说有些茶销售后余量不多，那么就有可能会随意"匀堆"在一起，不考虑什么配比、口感这些因素，由于随意性较强，难以保证不同批次的口感。

评姐：大红袍的拼配，在消费者眼里一直都是一个谜题。王老师能为我们介绍一下大红袍拼配的基本流程吗？

王国兴老师：一般来讲，在开始拼配之前我们考虑的几个要点是：拼配的原料要求、比例要求、成本要求，最终要达到一个怎么样的效果。每个制茶师会根据自身拼配习惯和经验去操作，一般没有一个固定的流程，但是避免不了的就是不断地品鉴和试喝。我们在拼配的时候都是采用少量样品不断地按各种比例去"配"，然后再不断调和试喝，直到觉得茶品的口感、香气、滋味和耐泡度等都达到一定品质需求时，才会大堆头去"拼"。

评姐：大红袍的拼配，主要用到哪些原料作为"底料"呢？

手工摇青

王国兴老师：大红袍拼配常用的原料主要还是水仙、肉桂和一些常见的品种茶，譬如说，我们有可能会采用水仙或者肉桂作为拼配的"打底"原料，保证一泡茶汤水的醇厚度，然后再用其他的一些高香型的茶来"提香"，例如105、黄玫瑰、瑞香等香气比较高昂、香型比较明显的品种茶。但具体怎么样去操作拼配，也是没有固定的"茶谱"，主要还是看茶厂自己有哪些原料，以及各种原料的数量和等级。

评姐：每年岩茶春茶出来的时候，茶农们基本都要做"归堆审评"，那么这个环节是不是也在为拼配做准备呢？

王国兴老师：大红袍拼配的重点以及难点，就在于保障成品茶口感能够恰到好处地融合统一，我们在品鉴中不容易喝出单一品种的特征，那么拼配前的原料筛选和配比就相当重要。

"拼配"与原料的制作批次、来源产区、制作工艺中的每一环节都有着密切关系。大红袍拼配要做到的保证就是：原料来源产区相近，工艺特征、质量等级相近。因此在毛茶拼配或者出售之前，都要进行归堆定级审评，如果在毛茶阶段就进行拼配的话，那么从初始阶段就要考虑茶青的采摘气候、采摘时间、做青程度等。而这些东西就是岩茶制作技艺中比较难把控的环节，所以武夷岩茶也就存在质量不定性，即使同样的拼配方法和拼配底料，也难以保证拼配出一模一样的味道。

评姐：由于拼配受多种因素影响，以致茶品品质不定性，那要怎么保证拼配出来的茶叶质量更好？有哪些注意事项呢？

王国兴老师：抛开拼配原料和比例这个问题来谈的话，茶叶拼配还有新茶、旧茶拼配之分，具体怎么搭配，还要根据茶师个人喜爱的风格和消费者喜好的口感来定。至于质量的好坏，那肯定是从茶叶等级出发，等级越优质的原料拼配出来的品质也就越好。以下介绍三种拼配方式，没有具体优劣之分。

（1）新茶与新茶拼配：比较常用的就是我们前面提到的毛茶阶段的归堆，也有一些成品茶新茶的再拼配，这类拼配的后期产品质量稳定性相对较低，要实时把控其转化过程进行相应的维护处理，如适时的复焙和研究拼配改良等。

（2）旧茶与旧茶拼配：在茶叶拼配中，旧茶的口感等各方面稳定性更高，但是滋味的鲜爽度就不明显，同时如果是储存年份相差太大的话，最终造成的口感滋味跨度也比较大。旧茶拼配比较常见的是采用隔年茶或者年份相近的茶作为拼配底料，稳定性更好。而这种拼配多用于一些茶叶清仓、库存整理等。

（3）新茶与旧茶一起拼配：这两种风格碰撞出来的茶叶滋味更具层次感，汤水也会更加柔和，汤质也更耐人寻味，但一定要注意新旧茶的配比。如果是香气、滋味各方面都很优质的新茶，是很少直接拿去与旧茶相拼配的。

拼配讲究底料的选择和配比，这是需要不断研究与实践才可实现的。采用新茶拼配要求在毛茶做青时一定要做透，达到一定的发酵程度，并且在后期的焙火达到相同程度的火功，否则就有可能出现个别原料茶的返青、陈味交杂等恶相，一泡茶就可能变得"不伦不类"了。

评姐：我们在喝拼配大红袍的时候会看到叶底花杂，这是因为"拼配"与"焙火"的顺序不同所导致的吗？

王国兴老师：茶叶是"先拼配再烘焙"或者"先烘焙再拼配"，都是视情况而定的；但是不管哪种方式，拼配原料还是要选择火功一致的或者相近的。

先拼配再烘焙，能让拼配的原料彼此融合，整体品质更稳定，最终成品茶的火功也会达到统一程度。但由于各单一品种原料做青和发酵程度不一致、鲜叶原料老嫩不同、鲜叶厚薄不同，导致在后期的焙火工序中各品种的耐火程度不同，而造成叶底花杂。

而先烘焙再拼配，那主要的问题就在于"配比"了，配比就是不断试验、调和、品鉴，再调和，最终调配出最佳的口感。

拼配大红袍实质上对拼配技术的要求十分苛刻。拼配技艺的出现，一方面解决了茶叶原料由于种植管理、加工制作、品种缺陷等因素使得茶叶品质受限、茶叶价格低、买卖困难的尴尬问题，另一方面通过拼配能够尽可能扩大茶叶商品的流通量，解决了茶叶市场上某些热销产品供不应求的窘境，同时拼配茶的口感稳定，这也使得茶叶向标准化发展的方向迈进了一大步。

七、大家说：岩茶的保健功能

应当说，除变质及农药化肥残留超标者外，凡茶都有一定的保健作用，好茶自然保健功能更强。武夷茶具有很好的保健功能。早在宋代，大文学家范仲淹就赞扬了它的医药功效，说因为有它，致使华夏有名的"成都药市无光辉"。

茶会雅集

性温不伤胃

武夷岩茶的制作工艺也与其他乌龙茶有别，多为发酵度较高的熟香型品质，所以除内含物丰富外，性温不寒，适应面较广。

清代医学家赵学敏在其所著《本草纲目拾遗》中引单杜可之说："诸茶皆性寒，胃弱食之多停饮。惟武夷茶性温不伤胃，凡茶癖、停饮者宜之。"其意是：很多茶都性寒，胃不好的人饮多了会得慢性胃炎症，只有武夷茶性温不伤胃，凡好茶、慢性胃炎症者也适宜。

"停饮"即中医术语慢性胃炎症，不可解读为停止饮用，否则自相矛盾。

可见200多年前，医学界对武夷岩茶的药性就有肯定。

保持肠道健康

人体健康与肠道密切相关，保持肠道健康的关键在于构建良好的肠道菌群。肠道菌群对宿主的营养、能量代谢、免疫等有重要影响，其紊乱与多种疾病的发生发展密切相关。武夷岩茶含有茶多酚及其衍生产物、茶氨酸、生物碱、多糖、有机酸等多种天然活性成分，可能具有调节肠道、改善肠道菌群的功效。

研究表明，武夷岩茶提取物能提高正常小鼠肠道内双歧杆菌、乳酸杆菌等有益菌的数量，抑制大肠埃希菌、葡萄球菌等有害菌的生长，并对抗生素诱导的小鼠肠道菌群紊乱有一定的改善作用。在葡聚糖硫酸钠诱导的结肠炎小鼠模型中，武夷岩茶能抑制大肠埃希菌等致病菌的繁殖，提高阿克曼菌等有益微生物的相对丰度，进而维持肠道稳态，改善小鼠结肠炎。此外，武夷岩茶可调节糖尿病大鼠的肠道菌群紊乱，提高乳酸杆菌、肠杆菌、瘤胃球菌的相对丰度，进而达到降低大鼠血糖的功效。以上研究均表明，武夷岩茶对肠道及肠道菌群具有一定的正向调节作用。

解海鲜腥寒、消暑解热

南方潮湿多雨，又常食生冷海鲜，看似上火，实则外热内冷，腹泻、肠炎、感冒、中暑时有发生。武夷岩茶有很好的抗菌消炎作用，能防治痢疾、肠道疾病。

它特殊的性质能解海鲜腥寒，消暑退热。不同于绿茶的寒凉，岩茶真正做到了在养胃的同时消暑祛湿，让肠胃不再受罪。

降脂减肥

武夷岩茶是一种天然的健康饮品，富含茶多酚、儿茶素及其衍生物、生物碱、多糖等多种生物活性成分，长期饮用能降低患肥胖症的风险。

采用动物模型和细胞模型揭示了武夷岩茶降血脂、减肥的生物活性及其作用机理，研究表明，武夷岩茶能显著抑制高脂饮食喂养下小鼠体重的过度增长，以及改善肥胖家兔血脂异常。另外，不同贮藏年限的武夷岩茶均能促进小鼠脂肪系数和血脂水平降低，且陈年武夷岩茶表现更加出色。进一步研究表明，武夷岩茶可抑制肠道消化酶的活性，通过降低食物的吸收效率从而减少脂肪堆积。武夷岩茶还能调节糖脂代谢酶的活性，促进体内胆固醇、不饱和脂肪的氧化分解，加快能量消耗，以达到降脂减肥的保健效果。

由此可见，饮用武夷岩茶能有效控制体重、预防肥胖、降低血脂，预防亚健康。

名家说

著名茶叶专家张天福说：武夷岩茶有降脂、减肥、防龋及抗癌作用。其抗癌是通过茶多酚及维生素 C、E 等成分对亚硝胺的抑制形成的。人体摄入致癌性物质之后，给予高剂量的乌龙茶提取物，有比较满意的结果。

福建农林大学原校长郑金贵教授说：大红袍茶多酚、茶多糖、茶氨酸三种有益成分特别高，具有抗癌、降血脂、降血压、增强记忆的良好作用。茶多酚在武夷岩茶中的含量高达 17%～26%，而一般茶叶的含量仅为 10%～20%；茶多糖的含量达 1.8%～2.9%，是红茶的 3.1 倍、绿茶的 1.7 倍；茶氨酸的含量达 1.1%。

中医学家盛国荣在《茶叶与健康》中说："武夷茶温而不寒，久藏不变质，味厚不苦不涩，香胜白兰，芬芳馥郁，提神消食，下气解酒，性温不伤胃。"

武夷人余泽岚详细介绍了以武夷岩茶降血糖的偏方：武夷岩茶（最好是老丛水仙）的茶梗、茶片各一半，适度焙火。用凉开水浸泡 4 小时以上，浓淡适中或偏浓，每天随意喝，味道香甜可口，可长期坚持饮用，经多人体验有明显效果。

这个是因为茶梗中多糖类含量较高，有降血糖的功效，而陈茶在转化过程中，糖类中的水溶性果胶物质增多，对降血糖也有一定的帮助！

岩茶的陈茶解腻作用和熟普作用方式不同。熟普能解油脂，很大一部分原因是因其含有益生菌等物质，可以改善我们肠道的

陈茶茶汤

菌群，帮助消化，与我们平时饭后一杯酸奶消食的原理有些类似。而陈茶则是经过时间的陈放，茶叶中的内含物质逐渐氧化分解，大分子物质转变为小分子物质，更容易被人体吸收，进一步作用于人体，有助于消化。

武夷岩茶由于生长的自然环境优良、制作工艺传统独到、茶园管理注重环保，因而保健功能也较好。综合文献记载和民间习俗，武夷茶的中药功能有清热祛暑、提神益思、破睡解乏、消食通便、解毒止痢、醒脾解酒等。

因此，饮用武夷岩茶是一种健康的生活方式，在享受"岩韵"带来的愉悦心情的同时，可有效地保护肠道健康，改善人体健康状况。

第七章

问答

一、喝茶时如何评点一泡茶？

大家或许都曾经历过这样的事情：跟着朋友一起去喝茶，原本是想当个小透明，学习喝茶的知识或只是喝喝茶，结果，还得点评两句茶叶怎么样。

这时，我们是不是经常会词穷，或是不知道该从什么方面形容？

熟知专业术语，或是每一种茶类对应的形容词当然是好的，但是有时候却会显得生硬。最直接的，还是形容我们口中喝到的感觉。

舌头上不同部位会对应不同的味觉。舌尖对应的是甜，就像小孩子的天性是喜甜的，总是伸出舌尖舔，所以茶汤一入口我们先感知的是甜不甜，什么样的甜。而舌两侧，前端对应的是咸，后端对应的是酸，我们常说的酸倒牙根就是这样来的。等茶汤漫过舌苔中部，对应的是鲜，茶汤鲜不鲜爽就可以有所判别了。最后就是舌根了，舌根对应的则是苦味。

这样，我们就可以很直接地说出茶叶的口感啦！茶汤入口是甜的，茶汤啜起来之后，口腔中能感受到什么类型的香，若是发酵程度轻的茶类，还会带有鲜爽度，

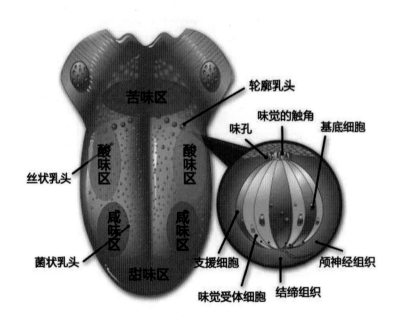

九龙窠老树肉桂挂满青苔

等吞咽完，茶汤顺滑，有浓度！

　　能简单表达出自己的感受，也不至于到自己接话的时候冷场，还能表现出自己略懂一点茶叶。不过，有疑惑的地方也要大胆说出来，这样别人才能帮到自己，进而有所提升。

二、为何你的茶三五泡就换茶了？

我们很容易将淡和薄归为一类。评姐经常听到：你这茶香香甜甜的，就是茶味太薄了，没东西可喝。评姐一脸懵。不喝香、不喝水，喝什么？还有一个词就是"霸气"，市面上很多茶青涩青麻，你把这茶叫厚，叫霸道，然后，三五泡就换茶。岩茶三泡不说话，滋味慢慢出来，五泡才开始发力，怎么就换茶了呢？

很多茶三五泡换茶很正常，因为再喝下去就没有味道了。青涩青麻的茶会造成一个"假浓度"的现象，欺骗我们的味蕾，以为这样的茶是厚，其实这样的茶多是靠茶多酚、咖啡碱等物质撑起来。人家三五泡换茶，你以为人家豪气，给你多喝几泡好茶。其实这样的茶才是我们所理解的"薄"，它茶叶里面是没有太多内含物质的，多喝几泡就原形毕露了。

与此相对的，便是高档茶的所谓"淡淡"的味道。一杯好茶的口感，在于内含物质之间的比例是否均衡，茶汤的饱满度如何。茶汤的"饱满度"，是指茶汤入口之后，一种浓稠似浆感包裹。茶多酚、氨基酸和多糖类物质均衡。就像米汤，看似没什么，但一口喝下去，里面的浆香、甘甜、浓稠，所有物质都恰到好处，

户外饮茶

米汤虽然也是甜甜的，但它是有厚度的。若是把米汤慢慢稀释，它最后可能没有那么浓稠，但依旧是带点浆香和甜度的。好比高档茶，一直冲泡，最后茶汤变得淡淡的，依旧是有香有甜，不苦涩。

造成茶汤"薄"有两个主要原因：第一是茶叶原料本身内质不够丰富。岩茶讲究"三坑两涧"，里面的土壤是关键，紫色砂砾壤，矿物质丰富，再加上涓涓溪流，土壤湿润，岩茶山场处处是小气候，所以岩茶茶青原料内质相较于其他地区的丰富，这也是"岩韵"的基础。

第二便是工艺。岩茶讲究做透做熟，充分将茶叶内质转化。市面上的一些茶在制作时喜欢留一点"青"在里面，以为增加茶汤的浓度，其实这样的茶青涩青麻。而留一点"青"在茶叶中，其实后期的转化内质是不够的，茶汤自然就薄了。若是加上用文火慢炖，把茶汤炖得柔柔的，这样一杯闻起来香气浓烈、茶汤又柔的茶，也是极具欺骗性的。

茶叶作为一个消费品，商家总是想先声夺人。香高味浓，一下就抓住消费者的味蕾，毕竟大声说话的人容易引起注意。若是后续还是这样，容易让人脑瓜疼，只觉得嘈杂，假浓度的茶便是如此。好茶则是"润物细无声"，它是一点一点慢慢地侵占你的味蕾，说话间口齿留香，生津回甘，让人觉得舒服，这样的茶怎么会"薄"？

三、看干茶就能判断品质好坏？

（一）干茶

审评干茶外形

轻火挂白霜

武夷岩茶为乌龙茶之上品，外形条索紧结重实，稍扭曲，匀整、洁净，色泽绿褐油润或乌润。如若不然，则可能发生以下情况：

1. 条索粗松轻飘

导致武夷岩茶条索粗松轻飘的主要原因是原料过于粗老，内含物质欠丰富，做青时不能做到看青做青、看天做青，做青过重造成鲜叶内含物质氧化过多，物质流失过多，尤其是鲜叶中起到干茶成型作用的果胶等物质，以致鲜叶在杀青后揉捻不易成型，故成茶条索粗松轻飘、不紧结，茶汤滋味淡薄，不耐泡。

2. 条索断碎

导致武夷岩茶条索断碎的主要原因是茶青过于稚嫩。武夷岩茶青叶采摘标准为一芽三四叶，要求中开面采。采摘时茶青过于幼嫩，鲜叶在萎凋环节工艺不易把控，如摇青过重，造成鲜叶中芽尖断碎从而造成条索断碎，茶汤滋味苦涩。

3. 干茶色泽炭黑、无光泽

干茶色泽炭黑、无光泽主要是由于焙火温度太高、太急造成的（俗称病火、老火茶），导致干茶炭化，手握干茶易断碎。一般这种岩茶是由于前期加工工艺出现了不可挽救的缺陷，师傅试图用高火掩盖问题所在。

4. 干茶褐色、无光泽

干茶褐色、无光泽的产生原因是鲜叶不新鲜或鲜叶长时间堆放，茶叶水分流失过多，导致鲜叶发红，做青水分不足，走水不畅，造成鲜叶内含物理化转变不足，出现积水状态，成品茶色泽枯褐。一般此茶口感酵味很重，有红茶味，内含物不足，滋味淡薄。

5. 干茶色泽花杂

由品种不同的茶青混制而成或由不同年份的成品茶拼配而成，由于拼配后并未打堆混匀，加上未再次焙火让其转为统一色泽而造成干茶色泽花杂。

（二）匀整度

匀整度的常见缺点体现为干茶条索大小不一，这是由于不同品种的干茶混拼而造成，使得干茶条索粗细、大小各异，匀整度差。净度的常见缺点表现为梗、片、黄条及非茶物质较多，主要原因是在茶叶精制加工过程中，未按要求将茶梗、三角片、黄条（黄片）及非茶物质拣剔去除，以致造成干茶净度缺陷。

四、如何从叶底看品质?

在茶叶店喝茶,茶艺师会通过冲泡的一些技艺掩盖掉茶叶的缺点,以最好的状态呈现出一泡茶叶。我们在没有专业的审评知识或是审评工具的时候,怎么快速判断这泡茶的好坏呢?评姐有一个小技巧,那便是看叶底!

(一)判断技巧

1.叶底叶脉

走水正常的叶底,其主脉像"老婆婆皱巴巴的脸",叶脉基本保持完整。若是主脉肿胀,表明含水量过高,茶叶走水不够或是走水不透,茶叶表现出青涩青麻或是苦底,内含物转化不够丰富,不耐泡。

2.叶片透明

随着走水完成,叶脉内含物随着水分输送到叶肉组织,同时叶绿素破坏较多,因此,在灯光投射下,因火功的不同呈现浅米黄色、黄褐色等,叶片透亮。做青程度不到位,造成茶叶死青或其他原因,影响走水正常进行,其叶片不透明,色深暗。

蛤蟆背

3.叶底有弹性

手摸上去叶底有弹性,拉扯有韧性,但不扎手,用手揉搓叶片不易软烂。

当然,这只是一个辅助技巧,最主要的还是茶汤的表现。叶底虽不能说明全部,但也可以快速判断茶叶的好坏。

（二）反面教材

我们有时候会发现，泡完后的叶底，是软软烂烂的，很容易戳破，或者是叶张单薄，这是为什么呢？通过看叶底，我们能看出哪些端倪呢？今天来说说那些反面教材！

1. 叶底软烂

造成叶底软烂的原因有很多种，我们要因茶而论。第一种是在初制工艺中，做青环节水没走透或是青叶闷在其中，叶片已经没什么弹性了；第二种呢，就是长时间的低温慢焙，把叶底炖得烂烂糊糊。

2. 叶张单薄

这个主要是原料本身导致的，主要常见于外山茶，比如建阳、建瓯一带。外山茶土壤条件不如正岩产区，土壤肥力相对没有那么好，茶树的叶片自然就没有那么肥厚。

3. 叶底炭化焦条

叶底审评

这个主要是炭焙温度过高，或是急火导致的，造成茶叶带焦味，汤色暗黑色，叶底不见三红七绿，部分或全部炭化。这要和足火茶做区分，传统岩茶火功一般掌握足火，其火功较高。如水仙等传统品质，干茶叶脉突出俗称"露白骨"，茶的香气多表现为果香，杯底香佳，滋味浓厚，耐泡。

五、看叶底就知道有没有拼配？

轻火茶叶底

叶底红绿花杂

朋友过来看茶，带来的都是牛栏坑、金交椅等地方的肉桂。在交流完茶品之后，发现他并非在意茶品有多好，在意的是这两地所产之茶，是不是纯料，有没有拼配。

还是那句老话，就岩茶而言，先看工艺，再看山场。若是工艺做得不好，味杂香浊，品种特征都喝不出来，更何况是山场味了。且工艺较好的岩茶，山场味是作为辅佐，并不会过于明显。但还是提醒了朋友两句，应该不是牛栏坑的茶。

至于有没有拼配，问了朋友的判断依据是怎么样的，他说："我看叶底红红绿绿的，还有就是叶张大小不一，看着像是拼配的。"其实不仅仅是他，很多朋友也会有这样的疑问，也会觉得这是拼配的。

其实，岩茶在采摘的过程中是"开面采"或是采对夹叶，叶片自然会有大有小；在做青的工艺时，茶叶会有一定的发酵，也就是我们常说的"三红七绿"，其实这个三红七绿并非是指叶片上红边与绿叶的占比，而是整体的发酵度在30%（具体因品种不同，而略有差异），见过茶叶生产的人自会理解，细嫩的叶片与芽头会先红。而后经过拣剔等精加工，这些细嫩的叶片也会在其中，可以增加茶汤的浓度。经过冲泡之后，叶底自然会有大小不一的叶片，且色泽不一。

叶底对比

所以根据叶底色泽和大小去判断是否拼配，是不准确的。关于是否拼配，要综合太多因素考虑，能够准确判断出来，那一般是专家级别的了。当然，劣质的拼配可以通过茶汤的滋味口感做一些判断。

评姐自然知道，为什么朋友会这么纠结是不是纯料的问题，毕竟都说是牛栏坑和金交椅这两个山场了，价格自然不会低。若是加入其他的茶叶拼配，这不就是妥妥的冤大头了。

六、岩茶千般滋味怎么来的?

　　茶叶中的呈味物质非常多，鲜、苦、甜、涩共同组成茶叶的滋味，丰富茶叶的层次。那么，在岩茶里面又是怎样的呢?

　　茶中呈味的主要化学成分有：呈涩味的儿茶素、呈鲜爽味的氨基酸、呈甜味的糖类物质、呈苦味的咖啡碱、呈辛辣味的茶黄素等。儿茶素在茶叶干物质中的比重较大，因此儿茶素的组成变化对茶汤滋味品质的影响是十分显著的；氨基酸的浓度对茶汤鲜爽味有决定性作用，儿茶素与氨基酸的比例及平衡关系是左右茶汤滋味品质的决定因素；呈甜味的糖与苦味的咖啡碱对滋味有一定的影响。

　　茶多酚和氨基酸受温度、光照等因素的影响较大，因此不同山场、不同品种、不同制作工艺都有可能直接影响这些物质的组分。温度越高，合成含碳类物质更多，像咖啡碱、茶多酚等；温度越低，含氮类物质含量更多，像氨基酸、蛋白质等。所以同一品种的岩茶，种在温度更高、光照充足的地方，往往比温度较低、光照不足的地方更加苦涩，这也正是山岗上的、南坡的岩茶比较霸气、辛辣，坑涧的、北坡的岩茶比较甘爽、幽香的原因所在。比如，马头岩的肉桂更加霸气，桂皮味显；牛栏坑的肉桂更加甘爽，带有甘草的气息。因为马头岩地域比较开阔，阳光充足；牛栏坑比较狭窄，光照不足。

　　温度、光照对茶鲜叶中茶多酚和氨基酸含量的影响，同样可以解释武夷山高山生态岩茶为什么品质优越。地理学认为海拔每升高 100 米，气温下降 0.6℃。由于生态茶园海拔较高，因此温度较低而且茶园云雾缭绕，大部分太阳光被云雾反射回去和过滤呈漫射

听海饮茶

光，光照较少，也直接影响茶园温度，因此氨基酸的含量会增加，茶味就比较鲜爽，甘甜度就更好。因此，武夷山洋庄山口、吴三地到星村程墩一带高山生态茶园的岩茶，具有明显的甜润感和清凉感。

同理，上午温度较低，光照较弱，采摘的鲜叶酚氨比低，茶味更甜润；下午温度较高、光照较强，采摘的鲜叶酚氨比较高，茶味更苦涩。这也是武夷岩茶"看青做青、看天做青"的理论依据。春茶季节温度较低，雨水较多，光照也偏弱，而秋茶季节温度较高，秋高气爽，光照充足，香气物质形成较多。因此头春的岩茶比较甜润、回甘好，而秋茶则较为苦涩，但香气高扬，这也是所有茶都具有"春水秋香"的原因。

茶山瀑布

七、除了武夷酸，还有哪些酸？

茶汤

在岩茶里面，我们常常会喝到"酸味"，不少朋友会感到疑惑，这是正常的味道吗？为什么有些茶又没有"酸味"呢？这到底是怎么回事呢？

岩茶的"酸味"形成的原因，有很多种，有好有坏，我们要注意鉴别！

（一）武夷酸

武夷酸是我们在喝岩茶的过程中，经常会听到的一个词。在 19 世纪中期，欧美茶叶专家在岩茶中发现"茶单宁"（儿茶素），专家经过一番实验研究，分离出了"武夷酸"，其包括没食子酸、草酸、茶单宁、槲皮黄质等系列有机物。此类酸其实入口并不明显，而且能够及时地化开，令饮用者感到口舌生津，反倒为茶叶增添了更为丰富的滋味。

武夷酸还和品种有关系，就比如，肉桂会比水仙更容易出现武夷酸，肉桂中的正辛酸含量特别高，会带来一种微弱水果酸风味。

（二）工艺酸

此类酸一般是指岩茶的生产制作过程中，因操作不当产生的酸，比如在发酵阶段，没有控制好温度、湿度及时长，造成青叶在湿热作用下或有微生物参与发酵反应的情况下，以致成品茶出现酸味现象。此类酸大部分是难以去除的，因为其工艺已经对青叶自身造成了不可逆的损伤。

这类酸味的产生，还会带来酸涩、酸馊等其他味道，是不愉悦的。

（三）陈年酸

陈年酸一般是后期转化而来的酸。由于在存放过程中，茶叶的内含物质发生转化，会出现一定比例的"酸性物质"，而且短时间内可能会变得越来越明显，但过了段时间又会降低。其酸性变化为：出现酸—酸明显—酸弱化—无酸（老茶）。

陈年酸一般伴随着甜，这也是需要和存放坏的茶做区别的地方。存储不当的茶产生的酸，一般会伴随着酸苦、霉味等，茶汤是不甜的。

（四）新茶吐酸

岩茶在焙火后，除了需要吐火退火，还需要经历一段时间的"吐酸期"。这是因为茶叶在加工制作过程中，内在茶味物质出现较为明显的波动，以致冲泡时前三汤易出酸味。

八、茶叶中的苦味知多少?

在喝茶的时候,经常会听到一句:"不苦不涩不是茶。"但这个主要指的是茶叶中含有茶多酚和咖啡碱两类物质,其滋味是苦涩的,是用来区分茶叶与其他植物的。但在喝茶过程中,茶汤滋味以苦涩为主导,又说明这款茶品质不够好。关于茶叶中的苦,你了解多少呢?

(一)茶本味之苦

茶叶本身会含有茶多酚、咖啡碱等物质,这也是造成滋味苦涩感的主要来源,但在制作生产的过程中,部分物质会进行转化分解,降低成品茶的苦涩感。而且在茶汤中,多酚类物质、咖啡碱会和其他物质缔合,进一步降低苦涩味,形成均衡性。所以一泡好茶,在正常冲泡过程中,是难以感受到苦涩味的。

机器采茶

（二）茶树品种之苦

不同品种有不同的特性，有些品种，就算工艺做到很标准，滋味中也会带有苦味。比如花青素含量较高的紫芽种，就容易带有苦涩味。

（三）季节之苦

不同季节，气候条件不同，造成茶叶滋味风味不同。夏季温度较高，阳光充足，茶树生长旺盛，含碳类物质增多，尤其是咖啡碱等物质，以夏季含量最高，滋味容易苦涩。

（四）工艺之苦

工艺不好的茶，也容易造成苦涩。比如白茶萎凋不足，滋味中带有青涩味；又比如岩茶做青不透，很容易带有苦涩味等。

当然，还有其他更多原因，比如冲泡时间过长等，所以在喝茶的过程中要细心辨别哦！

九、茶叶的清凉感是怎么来的？

比手臂粗的老丛树干

在喝白茶或者是岩茶的时候，经常会感受到口腔中有清凉感，一呼一吸之间，带来丝丝凉意。但又并非所有的茶都会有，所以，茶叶的清凉感到底如何产生的呢？

清凉感是由于一些化合物对鼻腔、口腔中的特殊味觉感受器刺激而产生的，典型代表物有薄荷醇、樟脑等，包括留香兰和冬青油风味；另外，葡萄糖、山梨醇、木糖醇固体在进入口腔后，也能产生清凉感，这是由于这些物质在唾液中溶解时吸收口腔接触部位的热量所致。

而对于茶叶而言，由鲜叶加工到成品，香气物质丰富，高达几百种，自然也有能产生清凉感的物质基础。

（一）萜烯类化合物和物理降温

茶叶中的芳香物质有一大类属于萜烯类化合物，如萜烯醇类的香草醛在特殊情况下能产生薄荷醇，萜酮类能产生樟脑。简单来说，茶叶能带给人清凉感，主要源自一类芳香物质产生薄荷醇、樟脑，进而刺激神经末梢，带来清凉感。

（二）吸热反应

茶叶的滋味是由涩类物质、苦类物质、鲜类物质及甜类物质组成，而这个清凉感则是由甜类物质带来的。茶叶糖苷类物质水解时需要吸热，会使口腔产生清凉感。所以我们喝茶时，也能感受到清凉感。

炎炎夏日，不仅仅是身体需要降温，泡一杯好茶，给我们的口腔降降温！

十、怎么理解岩茶的"晚甘侯"？

在品饮岩茶的过程中，许多茶会带有回甘，回甘是人们饮茶常有的自然感官效应和对于优良茶叶滋味的正面评价。

回甘效应主要是由苦涩味与甜味共同作用形成的特殊味觉感受，是口腔对于茶汤的一种初入口时苦涩而清甜微弱，经过较长的回味，且随时间的推移甜味愈显乃至超过苦涩味的特殊感受。其感官体验主要表现为"入口微苦，回味清甜""入口苦中带甜，随后苦味渐消，甜味渐长，甜的余味较苦味长"等特点。

有的人认为，饮茶时口腔中的回甘来自"对比效应"，也就是苦尽甘来的感觉。茶汤中含有许多咖啡碱、儿茶素等苦味成分，茶汤入口后，这些成分使我们感到苦味，但人的味觉器官会自动调整以适应这种苦味。等到这些

九曲崖刻

石乳留香

苦味物质下咽之后，味觉依然保留这种错觉，以致口腔在对比之下会产生一种甘甜的感觉。这种感觉往往出现在交替喝不同品种茶的时候，比如喝完略有苦涩感的肉桂，紧接着喝比较顺口的水仙，口腔就有较强的对比效应；再比如我们喝下苦味明显的茶汤之后，立刻喝一口白开水，会发现那白开水口感变甜，这也是一种明显的对比效应。因此，在严格品评几个不同品类的茶叶时，每品完一种茶后

晚甘侯

最好先喝一杯白开水，这样才可以较为准确地品评第二种茶。

对于回甘的机理，浙江大学茶学系王岳飞教授在其主编的《茶文化与茶健康》中认为："茶叶中含有茶多酚，它可以与蛋白质结合，在口腔内质形成一层不透水的膜，口腔局部肌肉收缩引起口腔的涩感，从而使我们觉得刚喝下去的茶会有苦涩感。如果茶多酚含量比较合适，形成只有一两层单分子层或者双分子层的膜，这种膜厚薄适中，刚开始口腔里有涩味，稍后膜破裂后口腔局部肌肉开始恢复，收敛性转化，就呈现回甘生津的感觉。"所以从物质性来讲，"回甘"就是口腔内茶多酚跟蛋白质结合的结果。

此外，业界较普遍的共识是，茶汤中含有多糖类，这些多糖类本身没有甜味，但具有一定的黏度，所以在口腔中会有所滞留。而唾液里面含有唾液淀粉酶，可以催化多糖分解为麦芽糖，麦芽糖具有甜味。酶类分解多糖需要一定的时间，这种反应时间差造成了一种"回甘"的感受。因此，回甘也可以说是一种甘甜味的"滞后反应"，早在唐代孙樵的《送茶与焦刑部书》就曾以"晚甘侯"比喻武夷茶的这种特征，形象地表达了古人对回甘的认知。

十一、岩茶带土腥味？可能是田改茶

我们去武夷山的时候会发现，有不少田改茶，即以前是水田，种稻谷一类的，现在改种茶树。这与我们种在岩石上、山上的茶，品质有很大的不同。陆羽早在《茶经》中说："上者生烂石，中者生砾壤，下者生黄土。"田改茶与山茶最不可跨越的鸿沟，就是土壤的不同。

因水稻根系浅，稻田经长期耕作，渍水土粒高度分散，所以耕作层浅。由于常年在同一深度耕作，经常受到耕犁机械压实及耕层细土粒向下淋溶沉积的影响，在耕作层以下形成了紧实的犁底层，其厚度约为10厘米。犁底层保水性能好，对水稻生长有良好的作用。而茶树根深一般在60～80厘米，紧实的犁底层不但影响茶树根系的伸展，土壤板结，透水性不好，容易积水造成涝害。

正岩茶园客土管理

所以在没有科学的规划之下，水田改种茶树，其生长是受到影响的。由于以前长期种水稻等农作物，打农药是不可避免的，对土壤造成的伤害也是不可逆的，所以我们经常喝到田改茶有土腥味，或是类似农药的味道等。而且周边没有植被，太阳直晒，滋味会相对苦涩一些。

武夷山属典型的丹霞地貌，地质复杂，供给茶树生长的土壤多由火山砾石与页岩组成，作为岩山上的茶，质地以轻壤为主，土层较厚，土壤疏松，透气性好，谷底渗水细流，植被条件好，形成独特的正岩茶。

田改茶或许能提高收益，但是已经失去了岩茶应有的味道。

十二、岩茶也做冬片？滋味如何？

正岩茶园只做春茶

岩茶，在大部分人印象里，只做春茶。茶树经过冬眠后，内部储藏了许多营养成分。殊不知，也有少部分会做冬茶。记得去年秋冬的时候，评姐审评岩茶，其中有一杯就是冬茶。其特点也是非常的明显，香气高扬，浮于面上，滋味淡薄，但甜度感不错。

冬茶是指寒露过后，立冬之前采的茶，采摘时间集中在 10 月中下旬，上市时间基本为 11 月中下旬。此时茶树主要生长部位是在根部，而氨基酸的合成是在茶树根部合成后再运输到顶端。另外，秋冬季阳光照射弱，茶树生长缓慢，这也使得茶叶中香气物质得以形成和沉积下来。因此，冬茶虽然产量少，但品质别具一格。

冬茶之中有独特的季节香，称为"冬味"。主要表现在香气闻起来带有独特突出的甜香和嫩香，并且高扬轻飘；滋味寡淡鲜爽，似春茶的"毛茶味"。由于冬茶滋味更为清淡鲜薄，香气高，因此受部分福建省外的消费者所喜爱，或是被厂家用做拼配。

一般拥有正岩产区的茶农，舍不得做冬片，一年只做一季春茶。因为茶叶经过春天采摘后需要适度修养与调整，而冬季正好是茶树调养树势，进行养分回流，蓄势以备春茶采摘的好时机，这时候再采摘茶叶，将会在一定程度上影响来年春季的茶叶质量。此外，武夷岩茶的制作成本高，做出的冬片品质又不是太好，卖不上价。

十三、水仙的丛味也可以做出来?

水仙的丛味，一直深受茶人的喜欢，喝到一款水仙的时候，总得问问是不是老丛。但现在水仙的丛味却可以"做出来"了，你知道怎么回事吗?

（一）傻瓜丛

傻瓜丛算是一个新名词，表示这个丛味很轻易就能做出来。这样的傻瓜丛是怎么来的呢?

我们都知道，水仙讲究树龄，而其丛味就是在漫长岁月中生成的。部分制茶人为了能够做出水仙的丛味，会将老丛重修剪或是台刈掉，等茶树重新发出枝条嫩叶，以此为原料，成品香气会更加高扬，"丛味"显。

老丛水仙分枝一丛丛

（二）闷青当丛味

有些人说雨水青更容易做出丛味，这就是评姐常说的闷出来的丛味，把茶碱味当做丛味。不仅仅局限于雨水青，原理其实就在于做青的过程中，茶叶水分含量较高，在高湿的情况下，茶青闷在里面，内含物转化不充分，出茶碱味。

雨水青

核心茶山湿润的崖壁

有些人会把这个茶碱味，当做是丛味，以为是木质香。但仔细分辨，会发现这类茶的茶汤是不甜的，带有青涩味。

（三）山场味当丛味

产水仙茶最出名的几个地方，古井、竹窠、吴三地等。每个地方的滋味口感有一定的差别，这是由山场环境所导致的。然在所有阴凉潮湿的地方所生长的水仙，都会挂青苔，青苔茂盛时还会与茶树争夺营养。这些产区所制水仙都会有青苔味，而真正的丛味应以树木生长之木质味为主。

对于初学者而言，首先要知道的以及能否判断的，就是你喝到的水仙茶有它的品种特征即可。

十四、岩茶中被牺牲的芽头去哪了?

在岩茶里面,不管是干茶还是叶底,都鲜少能看到芽头,这是为什么呢?

(一) 采摘标准

不同于绿茶,追求细嫩,单芽头的茶比比皆是,而红茶也有金骏眉作为芽茶的代表,却极少能听到岩茶用单芽头来制作的。

岩茶由于其焙制技术、品质以内质为主的特殊要求,鲜叶标准不同于其他茶类。一般标准是新梢芽叶伸展均完熟而形成驻芽,采三四叶或者对夹叶,俗称开面采。岩茶忌采摘过嫩,因其无法满足后期工艺的要求,在制作过程容易断碎,成品茶外形不好看;而且采摘过嫩的岩茶口感上容易苦涩,也不理想。

爬梯采老丛

所以从采摘的鲜叶来说,岩茶本身就不怎么带有芽头。

(二) 形成茶末

很多朋友看到成品茶之中有茶末,会认为商家给你的茶不好,其实不然。

有一些品种在采摘标准上相对较嫩,比如肉桂等品种,中小开面采摘,顶端芽叶相对细嫩。这一部分在进入精制的时候,会被筛分出来,形成茶末。

但这一部分茶末也并非直接舍弃,而是颗粒大小的茶末我们会拼配到成品茶之中,占比在15%以内。这其实是精华的部分,是茶汤浓度的来源之一。很多高端茶的茶末也会被保留下来,厂家自己喝。

现在网上也有不少商家在卖茶末,宣扬茶末也是精华,这其中也不乏故意弄碎成茶末的劣质茶,我们也要注意分辨。

十五、 怎么理解走水焙？

武夷岩茶经过采摘—萎凋—做青—炒青—揉捻后，及时解块，早期是由马门（一种横卧长条窗户形、似给马喂草料用的窗口）递进焙间，其用途是将揉好、需要进行走水焙的茶叶从此递进，可节省走动时间。将从马门中递进的茶索倒入准备好的焙笼中的焙筛上（又因火温略高，在焙茶前，焙筛框需要放在大盆里浸湿，以防筛子脱离框架掉落），将茶索迅速用手摊平于焙筛上，摊放好后，要迅速把焙笼放在焙坑之上。切记不可触碰到边缘的炭火，否则会烧坏焙笼，也会影响焙茶时间、步骤。同时在旁边起好空焙笼，以续下一焙之用。因焙笼要不断前移，翻动的同时为防止时间偏长导致积温偏高伤及茶索，要求每隔15分钟翻焙一次。翻茶之人需不停走动，直到茶索含水率减少、手握茶索有扎手感即好，所以又以物理性质变化与人物动态变化抽象地戏称这一过程为"走水焙"。

（一）走水焙的作用

去杂异味，增强茶味，走水焙完美的茶（轻火）也可以直接上市啦！

去水汽，降低茶叶含水量，稳固茶叶品质，便于保存。

走水焙是后期茶叶焙火的基础，有些类似做青前的倒青。走水焙工艺是否到位，直接影响后期的焙火！

（二）走水焙品质判断

看品质：走水焙完美的茶，喝起来没有任何的杂味、水味、火味，茶叶的品种特征、山场气息清晰，茶味足。你感受到的是纯纯的天然去雕饰的茶。

看后期程序：走水焙走得清楚的茶，马上就可以紧接着吃火了，可以从轻火往中轻火、中火等火功走。

看是否可以上市（部分茶叶，多数岩茶不采用）：走水焙完美的茶，就是市面上的轻火茶，可以直接上市，如保存条件良好，不必太担心返青现象。

十六、岩茶炭焙好还是电焙好？

炭焙用的是木炭，茶叶也属木本植物，在烘焙过程中不断吸收木炭中与自身相近或相同的物质。据考证：炭灰质轻且呈碱性，主要成分是碳酸盐，属于天然碱，有防止食积、减肥、促进消化吸收等功能。实践表明，木炭在燃烧过程中，炭灰离子升华，与茶碱离子一道附着在茶叶表面，使茶叶滋味倍加温和、醇滑。

炭焙还有个优点，就是火温比较稳定，蓄积的温度比较有渗透力。

炭焙过程中与茶接触的用具，如焙笼、焙筛、焙箆、软篓等都是竹制品，竹制品不会污染茶叶，甚至于高温中挥发的香味物质可为茶叶所吸纳。

再来看机器焙茶，机器配件几乎都是金属制品，普通的机器还极易生锈，电镀的或是不锈钢的，茶叶与之长时间接触也难免会受影响。

再则，机器烘焙的热源是通过风力吹送的，茶叶的导热性本就不好，风在流动，温度往往很难渗透茶心，只能将茶叶焙到高火防止其返青，这点比起炭焙工艺就显得大为逊色了。

茶叶的焙火方式主要依据茶叶的品质高低，以及市场需求而定，原则上是品质上者炭焙，中者炭焙或机器焙，中下者批量大，用机器焙以降低成本，缩短产品生产周期，满足中低消费群体。

不管是炭焙还是电焙，都是同样的目的，一是为了降低含水率，二是为了调整茶的品质；但二者又会对口感造成一定的影响。

炭焙因为木炭独特的结构，具有超强的吸附能力，能够起到吸收、净化的作用，在燃烧的过程中，一部分物质又会被茶叶所吸收，从而形成武夷岩茶独特的风味，但其技术性强，稳定性较差，不容易形成量产；而电焙操作简单，效率高，能实现量产，弥补炭焙的不足，但滋味上会稍稍有所欠缺。

评姐常说，炭焙容易出奶香，电焙容易出蜜香，各有千秋。

电焙

十七、足火和病火怎么区分？

病火茶炭化

病火茶叶底

很多朋友对于足火会产生很多问题，比如足火与病火怎么区分，或者是我怎么感觉茶叶还没退火？

定义上，足火岩茶焙火温度一般控制在100～120℃，时间6～12小时。传统岩茶火功一般掌握足火，其火功较高。如水仙等传统品质，干茶叶脉突出俗称"露白骨"；茶香气多表现为果香，杯底香佳；滋味浓厚，耐泡；汤色橙黄明亮。病火即焙火时温度太高，温度超过160℃或吃火太急，造成茶叶带焦味，汤色黄黑色，叶底不见三红七绿，部分或全部炭化。（引自刘宝顺《武夷岩茶烘焙技术》）

滋味表现上，足火和病火的呈现状态可以说是天壤之别。足火茶，是传统工艺的火功，香气显而滋味醇厚，茶汤顺滑顺甜，有耐泡度；若是看叶底，全部转色，呈现墨色。病火茶，带焦苦味，茶叶耐泡度差，茶汤喝起来也不会顺甜；若是看叶底，炭化黑掉。

足火茶因其火功偏高，会让大部分人觉得茶叶中的火没有退掉。其实这个也很好区分，不仅仅局限于足火茶，中轻火也是如此。火没有退的茶叶，一入口就会有火气，茶汤吞咽之后还会有火涩感，主要表现在舌头后半段的收紧感，严重一点的还会卡喉，痒痒的火燥感，茶汤不会顺滑。

越来越多的人开始尝试去喝中足火的岩茶，足火的茶重水，茶汤顺滑顺甜，香气更为内敛，与中轻火的表现不太一样。这也正是岩茶焙火的魅力所在！